矿物和岩石的识别

杨主明 编著

人民教育出版社

·北京·

图书在版编目（CIP）数据

矿物和岩石的识别/杨主明编著. —北京：人民教育
出版社，2016.5
（大自然识别丛书）
ISBN 978－7－107－31070－6

Ⅰ.①矿…　Ⅱ.①杨…　Ⅲ.①矿物—识别—普及读物
②岩石—识别—普及读物　Ⅳ.①P57－49　②P583－49

中国版本图书馆 CIP 数据核字（2016）第 283669 号

人民教育出版社出版发行
网址：http://www.pep.com.cn
人民教育出版社印刷厂印装　全国新华书店经销
2016 年 5 月第 1 版　2017 年 5 月第 1 次印刷
开本：787 毫米×1 092 毫米　1/16　印张：18
字数：359 千字　印数：0 001～5 000 册
定价：55.00 元
著作权所有·请勿擅用本书制作各类出版物·违者必究
如发现印、装质量问题，影响阅读，请与本社出版部联系调换。
联系地址：北京市海淀区中关村南大街 17 号院 1 号楼　邮编：100081
电话：010－58759215　电子邮箱：yzzlfk@pep.com.cn

序

　　空气、水、植物、动物、矿物、岩石和土壤构成我们通常说的自然界，因此，在小学里有一门课程叫作"自然"或"博物"，现在叫作"科学"。关于自然界的知识是一个公民必须学习的科学知识。随着人类社会的进步，人们越来越重视自然科学知识的学习，自然、科学课程的内容越来越丰富，并且与时俱进。

　　中国开办新学的历史大约有120年，开设自然、博物或科学课程也近百年。60多年前，我读小学的时候，就有自然课，但是内容非常少，以至于我根本记不得有什么具体内容，唯一记得的只是一句话："大麦芒长，小麦芒短"，肯定没有关于矿物的内容。30多年前，我女儿上小学时，自然课有了花岗岩、片麻岩和石灰岩的内容，女儿还要求我为他们学校找岩石标本呢！自然课的内容到了初中和高中就列入生物和地理等课程的范畴，内容十分丰富。尤其是生物学，包括解剖知识和显微镜观察；在理论方面，对林奈的植物分类、拉马克学说和达尔文的生物进化论也有所涉及。但是，对矿物和岩石知识的涉猎相对较少，所以急需加大对岩石矿物知识的普及。世界上发达国家都有很多矿物和岩石的普及读物，甚至科普的杂志。我上大学时读过苏联科学院院士费尔斯曼写的《趣味矿物学》，书中有一句费尔斯曼说的话："我大半世纪的生涯、追求和迷恋，都献给了闪烁发光的矿物和那些黑色的黯淡无光的石子……"这朴素的一句话也激励着我努力学习自己的专业——岩石和矿物学。

　　在北京的著名博物馆中，有自然博物馆和地质博物馆，岩石和矿物是这些博物馆重要的展览内容。近年来，私人的岩石和矿物博物馆如雨后春笋般发展起来，岩石和矿物标本也成为寻常人家的观赏物而陈列在客厅中。特别是开放改革以来，随着人们生活水平的提高，喜爱和收藏珠宝玉石成为时尚，几乎每一个城市都有珠宝玉石商店，甚至集贸市场也有珠宝玉石摊位；观赏奇石或地质公园的旅游也成为人们喜爱的闲情逸趣。随着城镇化建设和人们居住环境的改善，石材业迅速发展，各种各样的石材出现在市场上。那里面的学问可大啦，就是岩石学家也未必完全了解它们的"身世"。总而言之，人们对矿物和岩石知识的需求大大增加。人民教育出版社组织专业学者编辑出版的《矿物和岩石的识别》一书非常有必要，它必定会受到广大读者的欢迎。

本书的作者杨主明教授，是我国著名的矿物学家，擅长X-射线晶体结构研究。目前，他担任中国科学院地质与地球物理研究所博物馆馆长。他编著的这本书特点明显，包括内容的系统性——本书以专业的概念清晰地介绍了自然界常见的矿物和岩石的科学知识；知识的科学性——本书以晶体化学原则为基础对矿物进行分类，这个方案非常清晰和系统；表达的直观性——本书用科学专业的语言表达，并用"知识链接"的方式介绍了一些关于宝石的趣闻逸事，增加了可读性。书中附有400多幅精美的矿物和岩石彩色图片，可以使读者直观地了解常见的矿物和岩石的外观。可以说，这本书就像一个虚拟的矿物和岩石标本陈列室，能够使读者体会到"科学就在身边"。我坚信这本书的出版是对科普事业的一个重要贡献。

杨主明教授请我作序，我欣然允诺，命笔为之。

中国科学院院士
中科院地质与地球物理研究所研究员

叶大年

2015年12月11日

编者自序

　　自然界可分为无机界和有机界。动物和植物是有机界的基本物种，矿物是无机界的基本物种。无机自然界是世界的本原和起点，在地球上还没有产生生命和人类的时候，无机自然界就已经存在了。由于文化和历史发展的差异，西方国家的自然博物馆往往同时展示三大物种，而国内的自然博物馆一般仅展示动物和植物部分。因此，国内青少年了解矿物和岩石的机会较少。本书在某种意义上弥补了这一缺憾，有助于提高青少年对矿物和岩石的认识。

　　《矿物和岩石的识别》一书包括矿物、岩石和陨石三部分，共24个章节。第一章"认识矿物和岩石好处多"，说明认识矿物和岩石的重要意义。第二章"矿物的名称和分类"，把国际矿物学协会有关矿物超族的新概念和分类方案介绍给读者。第三章"识别矿物的方法"，介绍了矿物的简易识别方法和实验室的分析测试方法。第四章"矿物的成因和产状"，介绍矿物的形成和变化。第五章至第十八章是矿物的分类描述，介绍270多种矿物的基本化学成分和物理性质。第十九章至第二十三章是岩石的分类和各类岩石的描述，介绍50多种岩石的化学组成和成因产状。第二十四章简要介绍陨石的分类和鉴定特征。本书包含400多幅矿物和岩石的照片，能够给读者非常直观的认识；此外，还有80多个"知识链接"，不但给读者提供相关知识，而且增加了阅读的趣味性。

　　本书适合作为中小学生的课外阅读。本书的编写过程中，参考了许多杂志、期刊、书籍和网站的资料，收集了许多相关知识介绍，帮助读者理解和掌握书中的矿物和岩石知识。由于资料来源分布较广，本书不一一罗列。

　　在本书的编写和出版过程中，得到许多同人的帮助。中国科学院地质与地球物理研究所叶大年院士鼓励作者编写有关矿物和岩石的科普书籍，百忙之中为本书作序。刘嘉麒院士为作者提供相关的参考书籍。同事王洋不辞辛劳协助作者整理博物馆的地质标本。本书的责任编辑王海英博士对工作认真负责，对本书的编写提出许多建设性的意见，付出了艰辛的努力。在此，向各位表示诚挚的感谢。

　　书中难免存在一些错误和疏漏，敬请读者不吝指正，以便及时更正。

杨主明

2015 年 12 月 1 日

目 录

第四章　矿物的成因和产状

第五章　自然元素矿物

第六章　硫化物及其类似化合物矿物

第七章 氧化物和氢氧化物矿物

第十章 硼酸盐矿物

第十一章 硫酸盐和铬酸盐矿物

第十二章　磷酸盐、砷酸盐、钒酸盐、钨酸盐和钼酸盐矿物

第十三章　孤岛状硅酸盐矿物

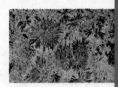

第十六章 链状硅酸盐矿物

第十七章 层状硅酸盐矿物

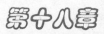

第十八章 架状硅酸盐矿物

第十九章 岩石的分类和识别

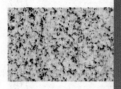
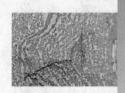

第二十二章 | 沉积岩

第二十三章 | 变质岩

第二十四章

天外来客——陨石

第一章

认识矿物和岩石好处多

许多人认为矿物和岩石都存在于野外，其实矿物和岩石就在我们的身边，离我们的生活很近。我们用的笔、住的房子、很多生活用品都有矿物质和岩石的成分，生产和生活的许多原料和能源更取自于矿物和岩石。

人类的发展史与矿物和岩石的利用密切相关。原始社会的旧石器时代（距今约300万年～1万年），人类的生产活动受到自然条件的极大限制，制造石器一般都是就地取材，从附近的河滩上或者从熟悉的岩石区捡拾石块，通过敲打制成合适的工具。到了新石器时代（大约1万年前～公元前4000年），人类开始制造和使用磨制石器，并发明了陶器（人们把黏土加水混和后制成各种器物，干燥后经火焙烧，产生质的变化，形成陶器），从此揭开了人类利用自然、改造自然的新篇章。青铜时代（大约从公元前4000年开始）是以使用青铜器为标志的人类物质文化发展阶段。青铜是红铜与锡或铅的合金，硬度为红铜的四倍多，性能良好。青铜出现后，对提高社会生产力起到了划时代的作用。铁器时代（大约从公元前1200年开始）是人类发展史中一个极为重要的时代。人们最早知道的铁是陨石中的铁，曾利用这种天然铁制作过刀具和饰物。地球上的天然铁是少见的，因此铁的冶炼和铁器的制造经历了一个很长时期。从打制石器、磨制石器、发明陶器，到炼铜、炼铁，人类的发展史就是一部人类认识和利用身边的矿物和岩石资源的历史。

总之，矿物和岩石不仅是组成地壳的重要物质，更是人类赖以生存的物质基础。要利用矿物和岩石为人类服务，人们就得学习认识它们。让我们先来了解一些认识矿物和岩石的有趣故事吧。

1 发现大矿藏

  内蒙古白云鄂博铁矿是我国的主要钢铁基地之一，也是我国最大的稀土工业基地，是举世闻名的稀土之乡。这里的稀土资源储量占全国的97%，占全世界的36%，其中铌资源储量居世界第二位。稀土、铌与铁共生，形成了白云鄂博铁矿独特的矿床类型。你知道这个宝贵的矿藏是怎么被发现的吗？

  白云鄂博铁矿是由丁道衡发现的。1899年，丁道衡出生于贵州一个封建官僚家庭。1926年，他从北京大学地质系毕业，留校当了助教。1927年4月，瑞典人斯文·赫定来华，要求率国外科学考察团在我国西北地区进行考察活动。在中国政府的协调下，中国学术团体协会与斯文·赫定签订合作协议，共同组成了中外西北科学考察团，其中中国团员10人，外籍团员17人。丁道衡应邀参加了这个科学考察团，负责地质及古生物研究，并调查沿途矿产资源。

  1927年5月9日，西北科学考察团从北京出发，经内蒙古包头，由昆都仑山口穿过大青山进入草地，在百灵庙附近开展科学考察，并逐步向西推进。白云鄂博恰在途经之地。

图1-1　内蒙古白云鄂博矿山

白云鄂博山在平坦的草原上突兀而起，山势独特。在阳光的照耀下，一二十公里外的行人都能看到闪着青黑色光的山顶。途经这里的丁道衡用地质学者的目光，反复审视着这一带的地貌和地形，他决定亲自到那里看个清楚。次日，丁道衡徒步向离驻地一公里外的白云鄂博山走去。丁道衡在《绥远白云鄂博铁矿报告》中曾这样描述发现白云鄂博铁矿的经过："三日晨，著者（丁道衡）负袋趋往，甫至山麓，即见有铁矿矿砂沿沟处散布甚多，愈近矿砂愈富，仰视山颠，巍然崎立，露出处，黑斑灿然，知为矿床所在。至山腰则矿石层累迭出，愈上矿质愈纯。登高俯瞰，则南半壁皆为矿区。"站在山上的丁道衡高兴地说："很荣幸，我发现了它的秘密。"后来，确认这里是一个储量丰富、极具开采价值的大型铁矿。

在丁道衡发现白云鄂博铁矿的基础上，何作霖发现了白云鄂博稀土矿。1935年，何作霖在北平对丁道衡采回的白云鄂博矿石进行研究，发现该矿含有两种稀土矿物，将其分别命名为"白云矿"和"鄂博矿"。后来经过验证，这两种矿物即是氟碳铈矿和独居石。

② 意外拾宝

　　常林钻石是我国现存的最大钻石，重达158.786克拉。它是由山东省临沭县华侨乡常林村村民魏振芳在田间松散的沙土中翻地时意外发现的。1977年12月21日那天，21岁的魏振芳与村民一起扛着铁锹到田间翻整土地。夕阳西下时，魏振芳挖完自己所分的地块，刚要收工回家，忽然发现邻近地头上还有一片茅草没有挖完。她便走过去，挥动着铁锹挖起来。当她挖第二锹时，突然从茅草里滚出一块鸡蛋黄大小的东西。魏振芳好奇地捡起来一看，不由得瞪大了眼睛。她意识到眼下手中的这颗晶莹的矿石是块"大金刚钻"！后来，她把这块珍贵的宝

图1-2　魏振芳与常林钻石

石献给了国家，成为"国宝"。这块钻石以发现地点常林村命名为"常林钻石"。

3 识别真假宝石

　　宝石和玉石等是矿物岩石家族中最为特殊的族群。它们以美丽、耐久和稀有的特性，在广大的矿物岩石家族中独树一帜，得到人们的喜爱。

　　李先生是个宝玉石爱好者。一天，他在某商业区一家颇为气派的珠宝店，花了二万多元买了一件翡翠镯子。有矿物岩石常识的李先生在购买时，心存疑虑，考虑到维权问题，要求店家开具正规发票，并清楚写明"天然翡翠"。但是后来经过专业部门检测，证实这件满绿的翡翠颜色竟是采用化学处理方法染上去的。李先生维权时，商家理屈词穷，只得如数退款。

　　目前，市场上较多见的假绿色翡翠主要是经过化学处理、内部加注有色树脂而制成的，还有经过染色、电镀、托底、火烧、绿色薄膜等方法制成的。还有一种是"假料类"，多以玻璃、烧料、杂石或一些绿色的玉石（如绿玉髓、绿玛瑙等）冒充。因此，学点鉴别矿物和岩石的知识，有助于识别真假宝玉石。

矿物的名称和分类

　　矿物名称的使用可追溯到公元前3世纪。古希腊哲学家西奥弗拉斯特的《石头论》和我国先秦古籍《山海经》中最早记载了十余种矿物名称。明代李时珍的《本草纲目》中记载了百余种矿物名称。据统计，西方古文献中记载了超过15 000个矿物名称，其中只有约2 000个是有效的矿物名称。矿物名称的标准化始于20世纪50年代。1959年国际矿物学协会（International Mineralogical Association, IMA）分别成立了新矿物与矿物名称委员会（Commission on New Minerals and Mineral Names, CNMMN）和矿物分类委员会（Commission on Classification of Minerals, CCM）；前者负责全球矿物名称的审订工作，后者审查已有的矿物分类系统，并提供矿物分类的建议。1979年，中国矿物岩石地球化学学会作为国家团体会员，加入国际矿物学协会。2006年，CNMMN与CCM合并为新矿物、矿物命名和分类委员会（Commission on New Minerals, Nomenclature and Classification，简称CNMNC）。CNMNC由有关国家的矿物学团体指定的代表组成，目的在于控制新矿物的引入和矿物命名的合理性，同时协调矿物的分类提案。

1 什么是矿物

矿物是指在地质作用中形成的、具有一定化学成分和内部结构的天然结晶态的单质或化合物。而岩石是指由一种或几种矿物或其他物质（如火山玻璃、生物遗骸、地外物质）组成的天然集合体，是地球中地壳和地幔的固体部分。

矿物的主要特征有如下几点。(1) 必须是自然产出的。严格地说，实验室中合成的晶体不是矿物。比如，人工合成的水晶不是矿物。(2) 必须是一种结晶固体。矿物是单一的固体物质，不能通过物理方法分离成更简单的化合物。岩石通常是矿物的集合体，可以通过物理方法使不同矿物彼此分离。比如，石英晶体是单一固体，是一种矿物；而石英岩是石英的集合体，是一种岩石。(3) 必须有确定的化学成分，可以由化学式表示。比如，石英的化学式为 SiO_2。

目前人类已经发现 5 000 多种矿物，每年发现新矿物五六十种。矿物中以硅酸盐类矿物为最多，约占矿物总量的50%。其中，最常见的矿物有二三十种。例如，正长石、斜长石、黑云母、白云母、辉石、角闪石、橄榄石、绿泥石、滑石、高岭石、石英、方解石、白云石、石膏、黄铁矿、褐铁矿、磁铁矿等。我国查明的矿物约 2 000 种，其中包括在我国发现的100多种新矿物。

2 矿物的命名

矿物的名称可以分为英文名、中文名和俗称。英文名称是矿物名称的唯一根据，一般由矿物的发现者命名，再由国际矿物学协会审定。矿物的命名依据包括人物名称、地理名称、矿物化学成分或物理性质特征等基本原则。有关统计表明，45%的矿物以人物名称命名，23%的矿物以地理名称命名，14%的矿物以化学成分特征命名，8%的矿物以物理性质特征命名。以人物名称和地理名称命名矿物是一种非常普遍的做法。这些矿物名称的词源学含义是了解矿物学历史和地理的极为有趣的"窗口"。

矿物的中文译名，除了历史原因形成的以外，目前的译名规则可以归纳如下。(1) 以人物姓名或地理名称为定名原则的，按音译方法。例如，Lishizhenite（李时珍石）是以中国古代医学家李时珍的姓名命名的，Huanghoite（黄河矿）是以我国第二大河黄河命名的。(2) 以矿物物理性质和化学成分定名的，按其含义翻译。例如，Chromite（铬铁矿）是以主要化学成分"铬"命名的。(3) 沿用中文名称中的词尾，如石、矿、华、矾、闪石、长石、云母等。非金属矿物用某某石命名，如电气石；金属矿物用某某矿命名，如黄铜矿；有的硫酸盐矿物用某某矾命名，如黄钾铁矾。

有些矿物还有许多俗称或其他译名。例如，电气石俗称碧玺。传说碧玺特别受慈禧太后的喜爱，因与"避邪"谐音而得其名。黄玉的另一译名是托帕石。现在市场上常见的舒俱来石（Sugilite），其学名为杉石，是以日本岩石学家杉健一的姓命名的。

3 矿物的分类

　　矿物学文献中有许多矿物分类方案，其中最常用的有两个方案——达纳（Dana）矿物分类方案和斯特伦茨（Strunz）矿物分类方案。以达纳矿物分类方案为例，根据主要阴离子、阴离子团或缺失阴离子，将矿物分为九个矿物类（Mineral class）：（1）自然元素，（2）硫化物和硫盐，（3）氧化物和氢氧化物，（4）卤化物，（5）碳酸盐、硝酸盐和硼酸盐，（6）硫酸盐、铬酸盐和硒酸盐，（7）磷酸盐、砷酸盐和钒酸盐，（8）硅酸盐，（9）有机化合物。其中，硅酸盐类根据其阴离子团特征，可分为孤岛状、双岛状、环状、链状（单链和双链）、层状和架状六个亚类。硅氧四面体是硅酸盐晶体结构中的基本构造单元，它由位于中心的一个硅原子与围绕它的四个氧原子构成（图2-1）。在晶体结构中，各个硅氧四面体可以各自孤立地存在，也可以通过共用四面体角顶上的一个、两个、三个乃至全部四个氧原子，相互连接而形成多种不同形式的阴离子团，从而形成不同结构类型的硅酸盐晶体（图2-2）。

　　矿物类和亚类中，有的可细分为矿物家族（Mineral family）、矿物超族（Mineral supergroup）、矿物族（Mineral group）、矿物亚族（Mineral subgroup）和矿物系列（Mineral series），其中矿物族是最常见的类别。矿物族是由两个或两个以上的矿物种组成，具有相同或基本相同的结构，并由相似的化学元素构成。

　　矿物种是矿物分类中的最小单元。矿物种的确定主要依据其晶体结构和化学成分。新矿物种的确定和命名必须向国际矿物学协会新矿物、矿物命名与分类委员会提出申请，获得批准，才能生效。

　　矿物的成分变种是指晶体结构相同、但化学成分有较小变化的矿物。

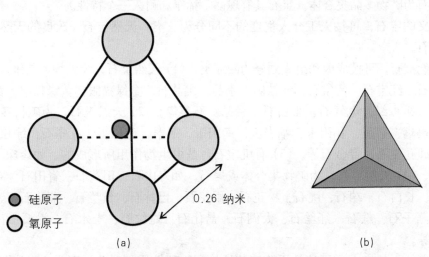

● 硅原子
○ 氧原子

0.26 纳米

(a)　　　　　　　　　　　　　(b)

图2-1　硅氧四面体（a）和简化的硅氧四面体（b）

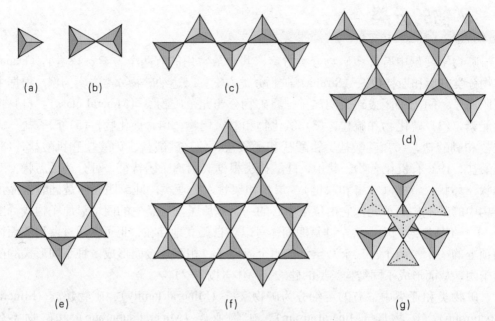

(a) 孤岛状，(b) 双岛状，(c) 单链状，(d) 双链状，(e) 环状，(f) 层状，(g) 架状。

图2—2 硅氧四面体的连接方式

宝石的分类

宝石是一类比较特殊的矿物。广义的宝石概念泛指一切美丽而珍贵的石料。狭义的宝石概念是指那些经过琢磨和抛光后的矿物，有宝石和玉石之分；宝石为矿物单晶体，玉石为矿物多晶集合体。宝石具有瑰丽、稀罕和耐久三个特性。

广义的宝石，可按人工介入程度的不同分为三类：天然宝石、改良的天然宝石和人工宝石。

天然宝石，可按成因和组成划分为四亚类。（1）天然宝石，为矿物单晶体。如金刚石、萤石、红宝石、蓝宝石、赤铁矿、水晶、尖晶石、金绿猫眼、黄绿猫眼、黄宝石、绿宝石、祖母绿、电气石、蛋白石、紫晶、石英等。（2）天然玉石，为矿物多晶集合体。如玛瑙、碧玉、和田玉、岫岩玉、南阳玉、翡翠、蓝田玉、孔雀石、绿松石、东陵玉、硅孔雀石、青金石等。（3）有机宝石，是由生物作用所形成的。如珍珠、珊瑚、琥珀等。（4）天然彩石，为矿物集合体或岩石。如寿山石、田黄石、青田石、鸡血石、五花石、长白石、端石、洮石、松花石、雨花石、巴林石、贺兰石、菊花石、紫云石、磐石、燕子石、歙石、红丝石、太湖石、昌化石、蛇纹石、上水石、滑石、花岗石、大理石等。

改良的天然宝石，可按是否改变其结构和物理性质划分为二亚类。（1）优化宝玉石，指不损伤物理性质的。如翡翠的炖蜡和红蓝宝石的热处理等。（2）处理宝玉石，指经过填充、着色、涂层等处理的。如翡翠漂白填充和红宝石的扩散着色等。

　　人工宝石，可按人工生产或制造的方法和材料划分为五亚类。（1）合成宝石，指有天然对应物的。如合成祖母绿、合成红宝石。（2）人造宝石，指没有天然对应物的。如人造钇铝榴石、人造钛酸锶等。（3）拼合宝石，由两块或两块以上材料经人工拼合而成的。如天然宝石与合成宝石的拼合。（4）再造宝石，指将宝玉石碎块熔结或压结而成的。如再造琥珀、再造绿松石等。（5）仿宝石，是模仿天然宝玉石的人工材料。如仿钻石的氧化锆、仿祖母绿玻璃等。

第8章

识别矿物的方法

　　识别矿物的方法包括简易方法和实验室分析方法。有些矿物，通过手标本的观察，根据矿物特有的形态，颜色、条痕、透明度和光泽等光学性质，解理和硬度等力学性质，以及简易化学实验，就可以准确鉴定。有些矿物，则必须做较详细的实验室分析和测试，包括化学成分、晶体结构和矿物谱学等特征，才能给予鉴定。此外，了解矿物的产状与成因，有助于从矿物成因的角度识别矿物。

1 矿物的形态

矿物有一定的化学成分和内部结构，因此呈现一定的外部晶体形态。矿物的形态可以分为单体形态和集合体形态。

(1) 矿物的单体形态

矿物单体在一定外界条件下，总是趋向于形成特定的晶体，称为结晶习性。根据矿物晶体在三维空间发育和程度，可将结晶习性分为三类：一向延伸型、二向伸长型和三向等长型。

一向延伸型晶体，沿一个方向特别发育，其余两个方向发育差，晶体细长，如针状、柱状（辉锑矿、电气石）、纤维状（蛇纹石石棉）等。如柱状电气石形成一向延伸型晶体（图3-1）。

二向伸长型晶体，沿两个方向特别发育，第三个方向不发育或发育差，呈片状（如云母、石墨）、板状（如重晶石）等。如白云母形成二向伸长型晶体（图3-2）。

三向等长型（等轴状）晶体，沿三个方向大体相等发育，有等轴状、粒状。如石榴子石（图3-3）、黄铁矿、磁铁矿等。

图3-2　二向伸长型晶体（白云母）

图3-1　一向延伸型晶体（电气石）

图3-3　三向等长型晶体（石榴子石）

在自然界，呈完好的单晶产出的矿物较少，多数是多个单晶成群产出，即成为集合体状态产出，也就是同种矿物的多个单晶聚集在一起的整体。根据矿物结晶程度大小，集合体可分为两类：显晶质集合体形态和隐晶质集合体形态。

图3-4　放射状集合体（透闪石）

显晶质集合体形态，指用肉眼或放大镜可辨认出矿物颗粒界限的集合体。显晶质集合体形态取决于矿物单体形态和它们的集合方式。例如，柱状、针状集合体是柱状或针状单体的不规则聚合体，纤维状集合体是针状单体大致平行密集排列而成，放射状集合体是柱状或针状单体以一点为中心向外呈放射状排列而成（图3-4），粒状集合体是三向等长的单体呈不规则聚合体。又如，簇状集合体是由一组具有共同基底，且其中发育最好的晶体与基底近于垂直的单晶体群所组成的。

隐晶质集合体形态，指用放大镜也看不清单体界限的集合体，可分为钟乳状、结核状和分泌体。钟乳状集合体是由同一基底逐层向外生长而成，呈圆锥形或圆柱形等形态的矿物集合体。按具体形状，分别描述为葡萄状、肾状和钟乳状等。通常由胶体凝聚或溶液蒸发逐渐沉积而成，如石灰岩溶洞中的钟乳石（图3-5）和石笋（均为方解石）等。结核状集合体是围绕某一核心（砂粒、碎片等），自内向外逐渐生长而成的球状体，内部常为同心状构造，多为胶状成因。直径大小如鱼卵（小于2毫米的球状结核体）者称为鲕状体，直径大小如豌豆（2～5毫米）者称为豆状体，如鲕状赤铁矿、豆状赤铁矿等。分泌体是指在岩石中形状不规则或球状的空洞，被胶体等物质由洞壁向中心逐层沉淀填充而成的矿物集合体。其中，平均直径大于1厘米者叫作晶腺，小于1厘米者叫作杏仁体。例如，玛瑙（图3-6）是二氧化硅胶体物质在晶腺中周期性扩散所造成的环带。

图3-5　钟乳状集合体（方解石）

图3-6　分泌体（玛瑙）

2 矿物的物理性质

矿物的物理性质指矿物的颜色、条痕、透明度、光泽、解理、断口、硬度等。

(1) 颜色

许多矿物都具有鲜明的色彩，成为鉴定矿物的重要特征。按矿物颜色产生的原因，可分为自色、他色和假色。

自色，指矿物自身固有的颜色。例如，黄铜矿的铜黄色，孔雀石的翠绿色（图3-7），菱锰矿的红色（图3-8），透视石的鲜绿色（图3-9），青金石的天蓝色（图3-10），蓝铜矿的蓝色（图3-11）。自色与矿物的化学成分和结晶结构有关。自色比较固定，对鉴定矿物有重要意义。

他色，指矿物因含有外来带色杂质或气泡等引起的颜色。如石英，纯净石英为无色，杂质的混入可使石英呈现紫色、玫瑰色、烟灰色等。他色的具体颜色随混入物组分的不同而异。因此，矿物的他色不固定，一般不能作为鉴定矿物的依据。

假色，指矿物表面氧化等原因产生的颜色。例如，斑铜矿的新鲜面上本是暗铜红色，但由于其氧化表面上薄膜的影响，造成了紫蓝混杂的斑驳色彩。这种由氧化薄膜所引起的假色，称为锖色。一些硫化物矿物的氧化表面上，经常具有各种不同的锖色。再如白云母、方解石等具完全解理的透明矿物，由于一系列解理裂缝、薄层包裹体表面对入射光层层反射所造成的干涉现象，可呈现如同彩虹般的不同色带所组成的晕色，它常常呈现同心环状的色环。又如半透明的拉长石（图3-12），由于聚片双晶面或平行方向薄层析离体，或微细的定向排列的空隙与包裹体对光的不同吸收和干涉，而呈现出蓝、绿、黄等的晕色，有的可以像欧泊一样漂亮。晕色也属于假色。假色只对特定的某些矿物具有鉴定意义。

图3-7　孔雀石

图3-8　菱锰矿

图3-9　透视石

图3-10 青金石

图3-11 蓝铜矿

图3-12 拉长石的晕色

(2) 条痕

条痕，指矿物粉末的颜色。一般用矿物在粗白磁板上刻划，观察留下的粉末颜色。条痕色可以消除假色，减弱他色，更具有鉴定矿物的意义。大多数透明矿物的条痕极淡，故条痕主要用来鉴定不透明矿物，如大多数硫化物和氧化物矿物。

(3) 透明度

透明度，指矿物透光的能力。矿物没有绝对透明的，也没有完全不透明的。比较矿物的透明度要同一厚度才有意义。通常根据矿物碎片边缘能否透见他物，把矿物的透明度分成三个等级：透明矿物（图3-13），如水晶、黄玉、锂电气石；半透明矿物（图3-14），如辰砂、闪锌矿、白钨矿；不透明矿物（图3-15），如黄铁矿、赤铁矿、辉锑矿。

图3-13 透明矿物（锂辉石）

图3-15 不透明矿物（辉锑矿）

图3-14 半透明矿物（白钨矿）

（4）光泽

光泽，指矿物表面反光的能力。依据折射率的不同，将矿物光泽自弱至强分为四个等级：玻璃光泽（图3-16），指折射率为1.3～1.9的矿物，如石英、萤石、石榴子石、海蓝宝石；金刚光泽（图3-17），指折射率为1.9～2.6的矿物，如金刚石、闪锌矿、锡石；半金属光泽（图3-18），指折射率为2.6～3的矿物，如辰砂、磁铁矿、铬铁矿、赤铁矿；金属光泽（图3-19），指折射率为3以上的矿物，如黄铁矿、黄铜矿、方铅矿。

光线（日光）照射矿物表面后，呈散射状、内反射或在不平坦表面产生特殊光泽。例如，油脂光泽，指具玻璃光泽的矿物，由于散射原因减弱了表面反射光的能力，表面像涂了一层油似的，如霞石、石英。松脂光泽，指光泽如同松香状，在颜色较深的矿物中，如黄褐色的闪锌矿、镉闪锌矿的断口处光泽，具金刚光泽矿物的断口处光泽。沥青光泽，指标准光泽如同沥青矿物，多出现在黑色半金属光泽矿物中。珍珠光泽，指标准光泽如同蚌壳内侧闪光晕彩，具完全解理的透明矿物，如珍珠、白云母、透石膏。丝绢光泽，结晶呈纤维状鳞片状集合体的透明矿物，如同蚕丝束状，是玻璃光泽变种，如纤维石膏、绢云母、石棉。蜡状光泽，指光泽如同蜡烛表面，多出现在隐晶质、显微粒、胶体矿物中，是玻璃光泽变种，如叶腊石、蛇纹石、玉髓、蛋白石。土状光泽，出现在松散、多孔、细分散状矿物中，是玻璃光泽变种，如高岭土、膨润土、硅藻土。暗淡光泽，出现在深色土状矿物中，暗淡无光，如锰土、钴土矿、硬锰矿、软锰矿。

图3-17　金刚光泽（锡石）

图3-16　玻璃光泽
（海蓝宝石）

图3-18　半金属光泽（磁铁矿）

图3-19　金属光泽（黄铁矿）

　　矿物受到外力打击后，沿一定方向有规则地裂成光滑平面的性质，称为解理。矿物的解理分为五级：极完全解理（图3-20），指晶体可裂成薄片，解理面大而平整光滑，如云母；完全解理（图3-21），指晶体可沿解理面裂成小块，解理面面积不大，但平整光滑，如方解石；中等解理（图3-22），指矿物受打击后既出现解理面，也出现断口，如长石、角闪石；不完全解理（图3-23），指矿物受打击后常常见到断口，很少出现解理面，如磷灰石；极不完全解理，即无解理（图3-24），受打击后只出现断口而没有解理，如石英。

图3-20　极完全解理（黑云母）

图3-21　完全解理（方解石）

图3-22　中等解理（角闪石）

图3-23　不完全解理（磷灰石）

图3-24　无解理（石英）

（6）断口

　　矿物受到外力打击后，如裂成各种凹凸不平的表面，称为断口。按照形态，可区分为贝壳状断口、锯齿状断口、参差状断口及平坦状断口等。贝壳状断口（图3-25），指断裂面呈具有同心圆纹的规则曲面，状似蚌壳壳面，石英及玻璃质矿物常具贝壳状断口。其中，断裂面呈弧形曲面状而不具同心圆纹者，称为次贝壳状断口或半贝壳状断口。锯齿状断口（图3-26），指断裂面呈尖锐锯齿状。具有良好延展性的矿物一般均呈锯齿状断口，如自然铜的断口。参差状断口（图3-27），指断裂面粗糙并不规则，呈参差不齐状。许多矿物单体的断口常为参差状断口。平坦状断口（图3-28），指断裂面较为平坦光滑的断口，如高岭石的断口。

图3-25 贝壳状断口（石英）

图3-26 锯齿状断口（自然铜）

图3-27 参差状断口（蔷薇辉石）

图3-28 平坦状断口（高岭石）

（7）硬度

矿物抵抗刻划、研磨等机械作用的能力，称为矿物的硬度，通常用莫氏硬度来测定。方法是用莫氏计中10种不同硬度的矿物和未知矿物相互刻划，来确定未知矿物的相对硬度。莫式硬度表按软硬程度分为10级（表3-1）。莫式硬度只表明矿物的相对硬度，并不表示其绝对硬度的高低，如滑石的相对硬度最小，金刚石的相对硬度最大。

表3-1 矿物莫式硬度表

硬度等级	矿物名称	硬度等级	矿物名称
1	滑石	6	正长石
2	石膏	7	石英
3	方解石	8	黄玉
4	萤石	9	刚玉
5	磷灰石	10	金刚石

除以上所述，矿物还具有其他物理性质，包括密度、弹性、挠性、脆性和磁性等。

3 矿物的化学成分

矿物的化学成分是矿物的重要性质。要获得矿物的化学成分，常用的分析方法包括湿法化学分析、X射线能谱、X射线荧光光谱和电子探针分析。其中，湿法化学分析的特点是分析样品量较多，分析速度较慢；X射线能谱分析的特点是样品用量极少，可以快速、定性或半定量得到矿物的化学成分；X射线荧光光谱分析的特点是样品用量少，操作简便；电子探针分析的最大特点是可以测定样品微区的元素和含量。

此外，利用化学试剂对矿物中的主要化学成分进行检验，可以达到鉴别矿物的目的，这是一种快速、灵敏的化学定性方法。例如，用冷稀盐酸来测试方解石，可发生化学反应并释放出CO_2，产生许多小气泡。

4 矿物的X射线衍射分析

X射线是一种波长很短的电磁波，通常使用的X射线的波长大约为0.154 06纳米。将具有一定波长的X射线照射到结晶性物质上时，X射线因在结晶内遇到规则排列的原子或离子而发生散射，散射的X射线在某些方向上相位得到加强，从而显示与结晶结构相对应的特有的衍射现象。每种晶体（包括矿物晶体）的结构都有特征的X射线衍射图，就像每个人都有特征的指纹一样，因此，通过X射线衍射图能准确鉴定矿物。

X射线衍射法是鉴定结晶质矿物的最有效工具。常用的分析方法包括X射线粉晶衍射分析和单晶结构分析。前者主要用于矿物的鉴定，后者主要用于晶体结构的测定。

5 矿物的结晶学特征

结晶学特征是鉴定矿物和确定新矿物的重要数据。矿物晶体通常可以分为七个不同的晶系：等轴晶系、六方晶系、四方晶系、三方晶系、斜方晶系、单斜晶系和三斜晶系（图3-29）。其中，等轴晶系（立方晶系）有三个等长且互相垂直的结晶轴；六方晶系有四个结晶轴，有一个六次对称轴，是晶体的直立结晶轴，另外三个水平结晶轴正端互成120°夹角；三方晶系和六方晶系一样，具有四个结晶轴，有一个三次对称轴；四方晶系有三个互相垂直的结晶轴，有一个四次对称轴；斜方晶系（正交晶系）有三个互相垂直但互不相等的结晶轴；单斜晶系有三个互不相等的结晶轴；三斜晶系有三个互不相等且互相斜交的结晶轴。

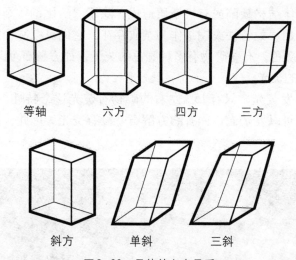

等轴　　　　六方　　　　四方　　　　三方

斜方　　　　单斜　　　　三斜

图3-29　晶体的七大晶系

6　矿物的折射和反射特征

可见光经过矿物晶体时，会发生光线的折射和反射。当光线经过等轴晶系晶体和非晶质体（玻璃质体）时，光线在各个方向上的折射率是相同的。当光线经过三方晶系、六方晶系和四方晶系晶体时，矿物有两个主要折射率。当光线经过三斜晶系、单斜晶系和斜方晶系晶体时，矿物有三个主要折射率。

通过折射仪、偏光显微镜和反光显微镜的测定，可以确定矿物的折射率和矿物光性特征。这种方法对于鉴定单晶体矿物十分有用。折射仪和偏光显微镜用于透明矿物的折射率测定，反光显微镜用于不透明矿物的折射率测定。

7　矿物的荧光和磷光

矿物晶体经某种波长的入射光（通常是紫外线或X射线）照射，能够发光的现象（图3-30），称为矿物的发光性。根据余辉的长短，将矿物的发光分成两类：荧光和磷光。余辉是指入射光照射停止后，晶体发光消失的时间。荧光是指物质吸收光后又发射出光来的一种性质。有荧光的矿物，如萤石、白钨矿、硅锌矿、金刚石和钙铀云母等。荧光的余辉时间很短，即激发光源一停，发光立即停止。而磷光的余辉时间较长。有磷光的矿物，如萤石、白钨矿、磷灰石等。有磷光的矿物，也一定具荧光，但是具荧光的矿物，可不具磷光。

荧光的出现与被称为"活化剂"的特定杂质的存在有关。这些活化剂是典型的金属阳离子，如钨、钼、铅、硼、钛、锰、铀、铬，以及稀土元素中的铈、铽、镝和钇。

荧光也可以通过晶体结构缺陷或有机杂质造成。除了"活化剂"杂质，有些杂质对荧光可以起到缓冲作用。如若铁或铜是作为杂质存在，它们可以减少或消除荧光。多数矿物的荧光是单一颜色。有些矿物有多种颜色的荧光，如方解石可以出现红、蓝、白、粉红、绿和橙等色的荧光。

大多数矿物不发荧光，只有15%左右的矿物有荧光这个特性，并且这些矿物中，并非每一个样品都可以发荧光，如有的方解石就没有荧光。因此，荧光只是鉴定矿物的辅助方法。

图3-30 矿物的发光性

8 矿物的光谱学特征

利用矿物的光谱学特征是鉴定矿物的重要方法。常用的方法包括红外光谱和拉曼光谱方法。每一种矿物都有自己的红外光谱和拉曼光谱特征。根据谱带的位置、数目、宽度和强度，可以科学、无损、准确、快速地鉴定矿物。

根据光谱图特征，也可以很容易地区分天然宝石与相似仿制品。以下是经有关研究证明的例子。

图3-31（a）和（b）中，树脂处理过的翡翠表面出现一层树脂的渗透层。红外光谱图（图3-31（c））表明，树脂处理过的翡翠的谱峰位置发生明显的改变。

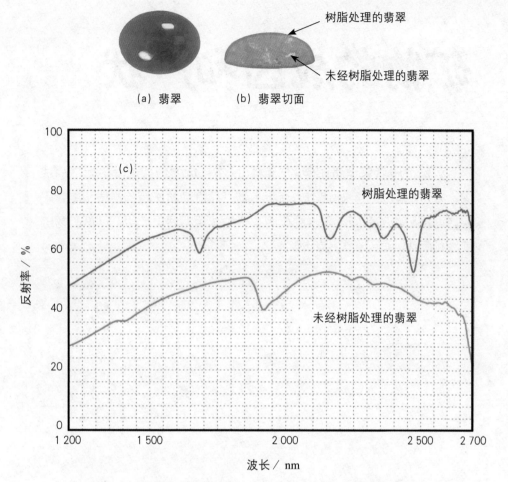

(a) 翡翠　　　(b) 翡翠切面

树脂处理的翡翠

未经树脂处理的翡翠

图3-31　翡翠与类似物的红外光谱（资料引自日本博物馆文献）

第四章

矿物的成因和产状

　　矿物是自然界地质作用的产物，是在一定的物理化学条件下形成的，并且其形成的空间状态也有所不同。根据地质作用的性质和能量来源，可将矿物的成因分为内生作用、外生作用和变质作用。认识矿物的成因和产状，有助于识别矿物。

1 内生作用

内生作用主要是指由地球内部热能，包括放射性元素的衰变能、地幔及岩浆的热能、在地球重力场中物质调整过程中所释放出来的势能等，导致矿物形成的各种地质作用。除了到达地表的部分火山作用外，其他各种内生作用是在地壳内部，即在较高的温度和压力条件下进行的。内生作用包括岩浆作用、伟晶作用、接触交代作用、热液作用、火山作用等各种复杂多样的过程。

岩浆作用，指在地壳深处的高温（$650℃ \sim 1\,000℃$）高压下形成岩浆及其冷却结晶的过程。岩浆是一种成分极其复杂的高温硅酸盐熔融体，其组分中，氧、硅、铝、铁、钙、钠、钾、镁等造岩元素占90%左右。在岩浆作用过程中，形成的主要矿物及其结晶的顺序依次为：橄榄石、辉石、角闪石、黑云母，斜长石、正长石、微斜长石及石英等造岩矿物。

伟晶作用，指在岩浆作用的晚期，在侵入体冷凝的最后阶段，由于熔体中富含挥发组分，在外压大于内压的封闭条件下缓慢结晶，因此矿物晶体粗大，并具文象结构和带状构造。主要矿物有石英、长石、云母、锂辉石、锆石等。

热液成矿作用，指地壳中的含矿热水溶液在一定的物理化学条件下，以充填作用或交代作用的方式，将矿物质沉淀在各种有利的构造和岩石中，从而形成矿石的作用。按照温度，大致可分为高温、中温、低温热液作用三种类型。（a）高温热液作用，又称作气化－高温热液作用，其温度范围在$300℃ \sim 500℃$。常形成由电价高、半径小的离子（如钨、锡、铌、钽、钛、钍、稀土、铍等）组成的氧化物和含氧盐，如黑钨矿、锡石、铌钽铁矿、绿柱石。此外，还常形成辉钼矿、辉铋矿，以及含挥发性成分的矿物，如黄晶、电气石等。（b）中温热液作用，温度范围在$200℃ \sim 300℃$。形成的矿物种类繁多，其中，以铜、铅、锌等金属硫化物（如黄铜矿、方铅矿、闪锌矿）以及方解石等碳酸盐矿物为常见。（c）低温热液作用，温度范围在$50℃ \sim 200℃$，形成的深度较浅。在近地表条件下，地下水往往起着相当重要的作用。例如，在近代火山地区，与火山作用有关的热泉，其中地下水的成分也常占主要地位。低温热液作用主要形成砷、锑、汞等元素的硫化物（如雄黄、雌黄、辉锑矿、辰砂）及重晶石等硫酸盐矿物。

火山作用是岩浆作用表现的另一种形式，为地壳深部的岩浆沿地壳脆弱带上升到地表，或直接溢出地面，甚至喷发涌向空中的作用。

2 外生作用

外生作用发生在地壳的表层，主要是指在太阳能的影响下，在岩石圈、水圈、大气圈和生物圈的相互作用过程中，导致矿物形成的各种地质作用。其能源除太阳能外，还有部分生物能（生物化学作用所产生的能量）、化学能（在固体、液体、气体之中和彼此之间进行的各种化学作用所放出的能量）；在火山岩地区，有大量地球内部热能参与外生作用。外生作用在温度和压力比较低的条件下发生，按其性质的不同，分为风化作用和沉积作用。

风化作用，指露于地表或近地表的矿物和岩石，在大气和水及生物的长期作用下，在温度变化和有机物的影响下，发生的化学分解和机械破碎作用。风化作用形成一些稳定于地表条件下的表生矿物，如高岭石、伊利石等。

沉积作用，是矿物和岩石在风化作用下遭受机械破碎和化学分解的结果，形成一系列风化产物，后者经水流冲刷、溶解和搬运，在地表适当条件下发生沉积。按沉积环境，可分为大陆沉积与海洋沉积两类。按沉积作用方式，又可分为机械沉积、化学沉积和生物化学沉积三种类型。(a) 机械沉积。风化条件下物理和化学性质稳定的矿物遭受机械破碎作用后所成的碎屑，除残留原地外，主要被水流搬运到适宜的场所。由于水流速度降低，矿物按颗粒大小、比重高低而先后分选沉积，造成有用矿物（如自然金、金刚石、锡石、锆石等）的相对集中，形成各种砂矿。(b) 化学沉积。风化作用下遭受分解的矿物，其成分中可溶组分溶解于水所成的真溶液，或沿断裂带上升的深部卤水等，当它们进入内陆湖泊、封闭或半封闭的潟湖或海湾以后，如果处于干热的气候条件下，水分将不断蒸发，溶液浓度不断增高，当达到过饱和浓度时，即发生结晶作用，形成石膏、芒硝、石盐、光卤石、钾盐、硼砂等一系列易溶盐类矿物。而胶体沉积系风化作用产生的胶体溶液被水流带入海、湖后，受到电解质的作用而发生凝聚、沉淀，形成铁、锰、铝等氧化物和氢氧化物的胶体矿物。此外，海底火山喷气，在海底可以直接形成铁、硅等胶体沉淀。(c) 生物化学沉积。某些生物在其生活过程中，能从周围介质中不断吸取有关元素或物质，组成其有机体和骨骼。生物死亡后其骨骼堆积形成矿物，如硅藻土、方解石（贝壳石灰岩的矿物成分）。此外，通过复杂的生物化学作用，还可以形成磷灰石（磷块岩的矿物成分）。而一些沉积铁矿的形成，也与生物化学作用特别是与细菌作用有关。

8 变质作用

变质作用是指在地表以下一定深度内，已经形成的矿物和岩石，由于受岩浆活动或地壳运动的影响，造成岩石结构的改变或成分的改组，并形成一系列变质矿物的作用。按照发生变质作用的原因和物理化学条件的不同，可分为接触变质作用和区域变质作用。

接触变质作用，包括接触热变质作用和接触交代作用。(a) 接触热变质作用，指岩浆侵入与围岩接触时，围岩受岩浆高温的影响而发生变质的作用。它主要是由岩浆熔融体释放出的热量所引起，基本上没有岩浆挥发成分的参加。接触热变质作用主要引起围岩中矿物的再结晶，使矿物颗粒变粗，如石灰岩变为大理岩；也可以形成新生的矿物，如泥质岩石中的红柱石和堇青石。(b) 接触交代作用，指岩浆侵入围岩时，岩浆侵入体中的某些组分与围岩发生化学反应，而形成新矿物的作用，并且这种作用发生在侵入体内外接触带的范围内。接触交代作用常发生在中酸性岩浆侵入体同碳酸盐类岩石的接触带。在岩浆成因的溶液作用下，岩体和碳酸盐类岩石之间发生一系列的交代作用，产生一系列镁、钙、铁的硅酸盐矿物，所形成的岩石称为矽卡岩。主要矿物有镁橄榄石、尖晶石、石榴子石等。

区域变质作用，指在造山运动地带，由于大规模的地壳升降、褶皱和断裂，使原有的岩石和矿物所处的物理化学条件发生了很大变化，原来的岩石和矿物必须进行改造，才能在新的物理化学条件下处于平衡，这就导致了岩石的结构构造和矿物成分的变化，从而导致了变质岩的形成。

> ## 知识链接
>
> ### 矿物的准确鉴定
>
> 矿物的准确鉴定需要结合产状和成因、形态和物理性质、化学成分、结晶学参数等因素，作出综合判断。有些矿物具有显著特征，只须依据个别标准就可以鉴定。野外识别矿物，可以根据矿物的产状和成因，结合矿物的形态和物理性质鉴定矿物。手标本鉴别矿物，可借助放大镜或显微镜及简单仪器如折射仪等。难于肉眼识别的矿物，需要作X射线衍射和化学成分分析等。

第五章

自然元素矿物

　　自然元素矿物，包括金属、半金属和非金属元素单质，还包括金属元素合金、磷化物、硅化物、氮化物和碳化物。已知有100多种自然元素矿物存在于岩石中。与其他矿物相比，自然元素矿物非常稀少，约占地壳质量的0.1%。但是它们非常重要，因为它们在工业上具有重要的用途，如可作为某些贵金属和宝石的主要来源。常见的自然元素矿物有金、银、铜、金刚石、石墨和硫等。

1 贵金属——金 (Gold)

[化学成分] 化学式为Au。自然金中含有银、锑、铅、铋等杂质元素。

[晶系与形态] 晶体属等轴晶系。金的良好晶体极少见。自然金通常呈树枝状、粒状或鳞片状（图5-1），较少呈不规则的大块状，俗称"狗头金"（图5-2）。

[物理性质] 金的颜色、条痕均为金黄至浅黄色，随含银量增加而变淡；金属光泽，不透明，无解理；莫氏硬度为2.5～3.0，密度为16.0～19.3 g/cm³。金是热和电的良导体，不被氧化，不溶于酸，但可溶于王水。金有强的延展性，1克自然金可拉成约2千米长的细丝。

[成因与产地] 金主要产于高、中温热液成因的含金石脉中，或产于火山岩系与火山热液作用有关的中、低温热液矿床中。产出含金石英脉或蚀变岩脉中的，称为脉金；产出于砂矿中的金，俗称砂金。

世界的著名产地有南非的威特沃特斯兰德、美国的加利福尼亚和阿拉斯加、澳大利亚的新南威尔士、加拿大的安大略、俄罗斯的乌拉尔和西伯利亚等地。我国的主要产地为山东招远、黑龙江沿岸、河南小秦岭及湖南等地。

[用途] 金在室温下为固体，密度高，柔软、光亮、抗腐蚀，其延展性及延性均是已知金属中最高的。金为贵金属，可用于制造货币、装饰品及一些仪表零件等。

图5-1 树枝状自然金

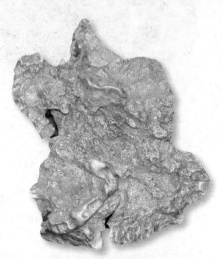

图5-2 天然金块

2 能杀菌的金属——银 (Silver)

[化学成分] 化学式为Ag。自然银中常含金、汞等。

[晶系与形态] 晶体属等轴晶系。银通常呈不规则的粒状、块状或树枝状集合体（图5-3）。

[物理性质] 银的新鲜断口与条痕均为银白色，表面因氧化而呈灰黑的锈色；金属光泽，不透明，无解理；莫氏硬度为2.5，密度为10.0～11.0 g/cm³。银的延展性强，是电和热的良导体。

[成因与产地] 内生成因的自然银产出于中、低温热液矿床，呈显微粒状分布于铅锌热液矿床的硫化物中。含有机质的方解石脉内常有自然银的富集。外生成因的自然银见于硫化物矿床氧化带，由银的硫化物还原而成。

世界的著名产地有墨西哥和挪威。

[**用途**] 银具有很好的延展性，其导电性和传热性在所有的金属中都是最高的。银常作为货币、贵重装饰品、照相材料等，亦可用于制造合金、银箔、电路上的接触点、银焊剂、蓄电池等。另外，银离子能杀菌，在医药上也有应用。我国内蒙古一带的牧民常用银碗盛马奶，可以长期放置而不会变酸。

(a)   (b)

图5-3　银

知识链接

最大的自然银

　　自然界最大的银块于1875年在撒克逊尼亚的福莱堡地下300米深处被发现，质量为5 000千克。此外，智利曾发现过质量为1 420千克的片状自然银。

3　人类发现最早的金属——铜（Copper）

[化学成分] 化学式为Cu。自然铜含有微量的铁、银和金等元素。

[晶系与形态] 晶体属等轴晶系。铜的完好晶体少见，集合体常呈不规则树枝状、

片状或扭曲的铜丝状、纤维状等。次生自然铜多呈粗糙的粉末状或片状、细脉状、致密块状等（图5-4）。

图5-4　铜

[物理性质] 铜呈铜红色，表面常有黑色氧化膜，条痕为粉红色；金属光泽，不透明，无解理；莫氏硬度为 2.5～3.0，密度为 8.9～9.0 g/cm³。铜具延展性、良导电性、导热性。铜溶于稀 HNO_3，加氨水后溶液呈天蓝色。吹管焰中，铜易熔，火焰呈绿色。

[成因与产地] 自然铜是地质作用中还原条件下的产物，形成于原生热液矿床，也见于含铜硫化物矿床氧化带下部，常与赤铁矿、孔雀石、辉铜矿等伴生，由铜的硫化物还原而成；有时亦交代砂砾岩的胶结物，出现于含铜砂岩中。自然铜在氧化条件下不稳定，转变为铜的氧化物和碳酸盐，如赤铜矿、孔雀石、蓝铜矿等。

世界著名的自然铜产地有美国的上湖（Lake Superior）、俄罗斯的图林斯克和意大利的蒙特卡蒂尼。我国的产地有湖北大冶、云南东川、江西德兴、安徽铜陵、四川会理及湖南麻阳等。

[用途] 铜是人类发现最早的金属之一，是人类广泛使用的一种金属。铜和它的一些合金有较好的耐腐蚀能力，因有光泽，容易加工，因此被用于制造货币。铜也被用于制造武器、器皿以及电缆。铜及其合金可广泛用于电器、车辆、船舶工业和民用器具制造业等。

4 具高度化学稳定性的金属——铂 (Platinum)

[化学成分] 化学式为 Pt。自然铂常含有铁、铱、钯、铑等杂质。

[晶系与形态] 晶体属等轴晶系。铂的晶体少见，常呈不规则的粒状或鳞片状集合体，有时形成较大的块状集合体（图5-5）。

图5-5　铂

[物理性质] 铂的颜色随含铁量的增加，由银白至钢灰色，条痕光亮呈钢灰色；无解理，断口锯齿状，不透明，具金属光泽；莫氏硬度为 4.0～4.5，密度为 13.4～19.0 g/cm³。铂富延展性，是电和热的良导体。它的化学性质极不活泼，耐酸碱的能力特别强，除了热王水外，不溶于任何酸中。

[成因与产地] 铂主要产在基性和超基性的火成岩中。在含有自然铂的火成岩附近，常形成含铂的残积矿床或砂积矿床。

世界上自然铂的重要产地有俄罗斯、加拿大、南非、美国、澳洲、哥伦比亚、巴西。

[用途] 自然铂为重要金属铂的主要来源，用于提炼铂，同时也可得到铱、钯、锇等。铂是一种贵金属，由于色泽美观，又具有相当强的延展性，所以经常用来制作首饰，如戒指、手镯和项链等。由于具有高度化学稳定性和难溶性，自然铂可用以制作高级化学器皿，或与镍等制造特种合金，应用于电力工业、汽车用的接触反应转换器等。近年来，铂族元素在火箭、导弹、核潜艇、人造卫星、遥测遥控等国防工业上得到广泛利用。此外，铂作为催化剂，被广泛用于汽车尾气净化装置，对保护环境起到重要作用。

5 可作毒药的矿物——砷 (Arsenic)

图5-6 砷

[化学成分] 化学式为As。自然砷的主要成分为砷，混有少量的锑、镍、银、铁和硫。

[晶系与形态] 晶体属三方晶系。砷的晶体相当罕见，在自然界中多以块状、肾状、钟乳状集合体出现，且常呈同心圆构造（图5-6）。

[物理性质] 砷的新鲜者呈锡白色，若曝露在大气中，颜色会逐渐转为暗灰色，条痕为锡白色；亚金属光泽，不透明，解理完全，参差状断口；莫氏硬度为3.0～4.0，密度为5.6～5.8 g/cm³。砷具脆性，有毒，加热或敲打后有大蒜味。

[成因与产地] 砷产在火成环境的热液矿脉中，共生矿物有方铅矿、辉锑矿、雄黄、雌黄、辰砂、重晶石及一些含银、钴、镍的矿物。

世界的主要产地为欧洲、美国、日本和哥伦比亚。

[用途] 砷可消除玻璃中由铁杂质引起的绿色，所以常用于玻璃制造。砷还常用作毒药和杀虫剂。在电子行业，由砷化物（砷化镓）制成的计算机芯片在很多方面比硅片更优越。此外，砷还可作为绘图和焰火中的颜料。

6 制造火药的矿物——硫 (Sulphur)

[化学成分] 化学式为S_8。火山岩自然硫往往含有少量砷、碲、硒和钛，沉积型自然硫常夹杂有方解石、黏土、有机质和沥青等。

[晶系与形态] 晶体属斜方晶系。硫的晶形常呈双锥状或厚板状，晶体很少见，通

常呈致密块状、粒状、条带状、球状、钟乳状、土状集合体（图5-7）。

图5-7 硫

[物理性质] 纯硫呈黄色，含有杂质时则呈不同色调的黄色，条痕为白至黄白色；树脂至金刚光泽，透明至半透明状，解理不完全，断口呈贝壳状；硬度低，莫氏硬度为1.0～2.0，密度为2.1 g/cm³。硫具脆性，易溶，易燃，燃烧时发青蓝色火焰，并有刺鼻硫磺味。

[成因与产地] 全球一半左右的硫以自然元素即自然硫产出，主要产于由生物化学作用形成的及火山成因的矿床。由生物化学作用形成的沉积硫矿床，是在封闭型潟湖中由细菌还原硫酸盐而成，常与石灰岩层或石膏层组成互层。此外，在硫化物矿床氧化带下部，由金属硫化物，主要是由黄铁矿氧化分解而成。在某些沉积层中，硫由石膏分解而成，如一些盐丘顶部的石膏，由硫细菌作用而被分解，形成自然硫。硫还可以直接由气体冷凝或由硫化氢气体的不完全氧化生成，如活动或休眠火山的火山口边缘附近，硫由火山喷出的气体转化而成；也可以由硫化物经细菌的硫化作用形成。

世界主要的自然硫产地有意大利西西里、墨西哥、日本、阿根廷、智利奥雅圭，以及美国的夏威夷、得克萨斯州、圣路易斯安纳州等。我国的产地有山东、西藏、青海、新疆和台湾等。

[用途] 自然硫是化学工业的基本原料，主要用于制造硫酸和生产硫酸镁、磷酸铵、过磷酸钙等化学肥料；亦可用于化学制品的生产，如合成洗涤剂、合成树脂、染料、药品、纸张填料、石油催化剂、钛白及其他颜料、合成橡胶、炸药等；还可用于制造纸张、人造丝、医药、染料、玻璃等。

知识链接

中国古代四大发明之一——火药的发明

火药发明于隋唐时期，距今已有1 000多年。火药的研究始于古代道家炼丹术，在炼丹的实验过程中发明了火药。火药的发明有一定的偶然性。炼丹家对于硫磺、砒霜等具有猛毒的金石药，在使用之前，常用烧灼的办法使毒性降低或消失，该过程称为"伏火"。伏火的方子都含有碳素，而且伏火硫磺要加硝石。因药物伏火而引起丹房失火的事故时有发生。到了唐代，炼丹者掌握了一个很重要的经验，就是硫、硝、碳三种物质可以构成一种极易燃烧的药，这种药被称为"着火的药"，即火药。由于火药的发明来自制丹配药的过程中，因此在火药发明之后，曾被当作药类，用以治疗疮癣、杀虫、辟湿气、瘟疫。后来，火药的配方由炼丹家转到军事家手里，成为中国古代四大发明之一的黑色火药。

1 最硬的矿物——金刚石 (Diamond)

[化学成分] 化学式为C。金刚石含有微量硅、铝、铁、氢等杂质元素。

[晶系与形态] 晶体属等轴晶系。它与石墨和六方晶系的金刚石呈同质多象。金刚石最典型的晶形是八面体、菱形十二面体及它们的聚形（图5-8）。

图5-8 金刚石

[物理性质] 金刚石无色透明，若含杂质则呈现黄、蓝、绿、黑等不同颜色；强金刚光泽，半透明至透明，中等八面体解理，贝壳状断口；莫氏硬度为10，是已知物质中硬度最高的，密度为3.5 g/cm³。金刚石具脆性，具半导体性能，具高折射率，一般为2.4～2.5。它在X射线照射下会发出蓝绿色荧光，这一特性被用于从矿砂中选矿。

[成因与产地] 金刚石是在高压、高温条件下形成的，一般与偏碱性超基性火山岩有关。原生金刚石主要产于金伯利岩或钾镁煌斑岩的岩筒或岩脉中，砂金刚石产于冲积的砂矿中。

世界最著名的金刚石产地有南非的金伯利地区、扎伊尔、澳大利亚西部、俄罗斯的雅库特、美国的阿拉斯加和巴西的西纳斯吉拉斯等地。我国的产地在辽宁、山东、湖南和贵州等。

[用途] 金刚石经琢磨后称为钻石。自古以来，金刚石就是最贵重的宝石，无色、微蓝和玫瑰色的为上品。金刚石还可用作钻头、切割工具、研磨材料，以及高温半导体或尖端工业的原材料。

知识链接

世界最大的金刚石

世界上最大的工业用金刚石出产于巴西的卡帕达迪亚，质量达3 148克拉。最大的宝石级金刚石是1905年在南非的普列米尔发现的，质量为3 106克拉，取名为"Cullinan"（库里南）。我国最大的金刚石是1977年在山东临沭县常林村发现的，质量为158.8克拉，取名为"常林钻石"。

8 易污手的矿物——石墨 (Graphite)

[化学成分] 化学式为C。石墨中常含有硅、铝、铁、钙、镁等元素。

[晶系与形态] 晶体属六方晶系，与金刚石呈同质多象。石墨晶体结构中，碳原子按六方环状成层排列，晶体呈六方片状，集合体常呈鳞片状、土状、块状（图5-9）。

[物理性质] 石墨表面呈铁黑色或钢灰色，条痕为黑色；半金属光泽，不透明，一组极完全底面解理；莫氏硬度为1.0～2.0，密度为2.1～2.2 g/cm³。石墨是良导体，耐高温，不溶于酸。它易污手，手摸具滑感。

图5-9　石墨

[成因与产地] 石墨常见于变质岩中，是有机碳物质变质形成的，煤层经热变质也可形成石墨。有些岩浆岩中也可出现少量石墨。

世界著名的产地有美国纽约、马达加斯加和斯里兰卡。我国的产地有黑龙江鸡西市柳毛、山东省莱西和吉林省磐石。

[用途] 石墨可用于制造电极、润滑剂、铅笔芯、原子反应堆中的中子减速剂等，以及用来合成金刚石。

知识链接

同素异形体和同质多象

　　同素异形体是指由同样的单一化学元素构成，但性质却不相同的单质。最常见的两种单质是高硬度的金刚石和柔软滑腻的石墨，它们的晶体结构和键型都不同。金刚石每个碳都是四面体配位，石墨每个碳都是三角形配位。金刚石的碳原子在空间呈立体网状结构，构成连续坚固的骨架，所以非常坚硬。石墨的碳原子呈平面层状结构，层内原子之间作用力强，层与层之间作用力小，所以质软，有滑感。金刚石和石墨里的碳原子的排列不同，其物理性质和用途也不同。

　　矿物学上，对一种物质能以两种或两种以上不同的晶体结构存在的现象，称为同质多象或同质异象 (polymorphism)。金刚石（图5-10）和石墨（图5-11）是碳的两种同质多形体 (polymorph)。

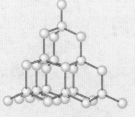

图5-10　金刚石结构图

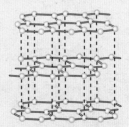

图5-11　石墨结构图

第六章

硫化物及其类似化合物矿物

　　本大类矿物为金属元素与硫、硒、碲、砷、锑、铋的化合物，其中硫化物占三分之二以上。整个大类矿物占地壳总质量的0.15%。目前，自然界已知的该类矿物有200多种。大多数矿物晶形较好。多数矿物呈金属色、深色条痕、不透明、金属光泽，少数呈彩色、半透明、金刚光泽。硬度除硫化物较高外，多数较低，密度一般较大。矿物在水中溶解度很小，在地表条件下不稳定。绝大部分矿物的形成与热液作用有关，部分为岩浆熔离形成，也有沉积成因，少数为原生矿物风化后的次生矿物。

1 辉银矿 (Acanthite)

[化学成分] 化学式为 Ag_2S。辉银矿中常含有少量铅、铁、铜杂物。

[晶系与形态] 辉银矿在室温下为单斜晶体，在高温条件下属等轴晶系。辉银矿晶体常呈等轴状假立方体、假八面体等，通常呈粒状、块状、树枝状集合体产出（图6-1）。

[物理性质] 辉银矿表面呈暗铅灰至铁黑色，条痕灰色；不透明，金属光泽，解理不完全，贝壳状断口；莫氏硬度为 $2.0 \sim 2.5$，密度为 $7.2 \sim 7.4$ g/cm³；具弱延展性，小刀刻划时不成粉末，留下光亮刻痕。它是电的良导体。

[成因与产地] 辉银矿是热液成因矿物，与其他含银硫化物、自然银、方铅矿等共生，见于某些热液矿床中。

世界的著名产地有加拿大、英国、德国、希腊、格陵兰、墨西哥、美国等。

[用途] 辉银矿主要用于提炼银和银化合物。

图6-1 辉银矿

2 辉铜矿 (Chalcocite)

[化学成分] 化学式为 Cu_2S。一般含有银。

[晶系与形态] 属单斜晶系。辉铜矿晶体呈厚板状、短柱状，通常呈致密块状或细粒集合体（图6-2）。

[物理性质] 辉铜矿的新鲜面呈铅灰色，风化表面呈黑色，常带锖色，条痕暗灰色；不透明，金属光泽，解理不完全，贝壳状断口；莫氏硬度为 $2.5 \sim 3.0$，密度为 $5.5 \sim 5.8$ g/cm³；略具延展性，小刀刻划时不成粉末，留下光亮刻痕。它是电的良导体。

[成因与产地] 辉铜矿见于热液成因的铜矿床中，常与斑铜矿共生。外生辉铜矿见于含铜硫化物矿床氧化带下部。

世界的著名产地有美国、英国、纳米比亚等。我国的云南东川等铜矿蕴藏有大量辉铜矿。

[用途] 辉铜矿是提取铜、制造铜合金的矿物原料。

图6-2 辉铜矿

③ 斑铜矿 (Bornite)

图6-3 斑铜矿

[化学成分] 化学式为Cu_5FeS_4。

[晶系与形态] 属斜方晶系。斑铜矿的晶体少见，通常呈致密块状集合体（图6-3）。

[物理性质] 斑铜矿的表面易氧化呈蓝紫斑状的锖色，因而得名。它的新鲜断面呈暗铜红色，金属光泽；莫氏硬度为3.0，密度为5.1 g/cm³。它常呈致密块状或分散粒状见于各种类型的铜矿床中。

[成因与产地] 斑铜矿为许多铜矿床中广泛分布的矿物。在热液成因的斑岩铜矿中，斑铜矿常与黄铜矿，有时与辉钼矿、黄铁矿，呈散染状分布于石英斑岩中；还见于某些接触变质的矽卡岩矿床中，以及铜矿床的次生富集带中，但不稳定，而被次生辉铜矿和铜蓝置换。斑铜矿在地表易风化成孔雀石和蓝铜矿。

世界的主要产地是美国蒙大拿州的比尤特、墨西哥卡纳内阿和智利丘基卡马塔等地。我国的云南东川等铜矿床中有大量的斑铜矿。

[用途] 斑铜矿是提炼铜的主要矿物原料之一。

④ 镍黄铁矿 (Pentlandite)

图6-4 镍黄铁矿

[化学成分] 化学式为$(Fe, Ni)_9S_8$。镍黄铁矿中常含有可综合利用的钴、铜、铂族元素及硒、碲等。

[晶系与形态] 属等轴晶系。镍黄铁矿的晶体极少见，通常在岩浆矿床的磁黄铁矿中，呈不规则颗粒和包裹体存在（图6-4）。

[物理性质] 镍黄铁矿表面呈古铜黄色，色调稍浅于磁黄铁矿，条痕呈绿黑色或亮青铜褐色；金属光泽，不透明，解理完全；莫氏硬度为3.0～4.0，密度为4.5～5.0 g/cm³。镍黄铁矿无磁性，而磁黄铁矿通常有磁性。

[成因与产地] 镍黄铁矿产于与基性和超基性火成岩有关的铜镍硫化物岩浆矿床中，常与磁黄铁矿、黄铜矿以及铂族矿物共生。

世界的著名产地为加拿大安大略的萨德伯里。我国甘肃金川、吉林磐石也是镍黄铁矿的主要产地。

[用途] 镍黄铁矿是提炼镍的最主要矿物原料，世界上90%的镍是从镍黄铁矿中提取的。它主要用于制造镍钢、镍黄铜、镍青铜等。在炼镍的同时，还可以回收钴。

知识链接

抗腐蚀的镍

镍近似银白色，是硬而有延展性并具有铁磁性的金属元素，能够高度磨光和抗腐蚀。常温下在潮湿空气中，其表面形成致密的氧化膜，能阻止本体金属继续氧化。因能抗碱性腐蚀，故实验室中可以用镍坩埚熔融碱。

5 最重要的铅矿石——方铅矿 (Galena)

[化学成分] 化学式为PbS。方铅矿的矿石组成中常含有银、铋、锑、砷、铜、锌等元素。

[晶系与形态] 方铅矿的晶体外形常呈立方体，有时为立方体和八面体的聚形，集合体常呈粒状和致密块状（图6-5）。

(a)

(b)

图6-5 方铅矿

[物理性质] 方铅矿表面呈铅灰色，在白色瓷板上的条痕呈灰黑色；金属光泽，莫氏硬度为2.5，密度为$7.4 \sim 7.6$ g/cm^3，这是它重要的鉴定特征之一。方铅矿还有一个重要特征是发育三组相互垂直的完全解理，故它很容易裂成立方体小块。

[成因与产地] 方铅矿是自然界分布最广的含铅矿物，经常在热液矿脉及接触交代矿床中产出，伴生矿物有闪锌矿、黄铜矿、黄铁矿、方解石、石英、重晶石、萤石等。

世界的著名产地有美国的爱达荷州、科罗拉多州和密西西比河谷地区，捷克的普里布拉姆，德国的弗赖贝格，法国的蓬日博，英国的坎布里亚郡，墨西哥的奇瓦瓦州等。我国的著名产地有云南金顶、广东凡口、青海锡铁山等。

知识链接

铅的毒性

铅在工业上用途很广，慢性铅中毒也是重要职业病之一。铅的吸收缓慢，主要经消化道及呼吸道吸收，并可在人体内积累。人体血中铅含量如超过100μg/L，即产生中毒症状，严重铅中毒可引发癌症。儿童发生铅中毒的概率是成年人的30多倍。血铅超标会影响儿童的智力。儿童铅中毒的原因主要有两点。一是从呼吸道吸入铅尘。由于环境污染，空气中存在不少铅尘，吸入后累积于体内，造成铅中毒。二是从消化道摄入铅尘。如饮用铅污染的水、食入含铅高的食品等，都可引起铅中毒。

[用途] 由于方铅矿中87%的质量是铅，因此它是最重要的铅矿石。由于它还含有1%的银，也被用来提取银。铅金属主要用于制造铅蓄电池，可用作耐硫酸腐蚀。铅合金可用于铸铅字、焊锡、轴承、电缆包皮等，还可制作体育运动器材铅球。铅金属还可用来制造放射性辐射、X射线的防护设备。

需要强调的是，我们平日使用的铅笔是不含铅的，其主要成分为石墨和黏土。

6 最重要的锌矿石——闪锌矿 (Sphalerite)

(a)

(b)

图6-6　闪锌矿

[化学成分] 化学式为ZnS。闪锌矿中常含有铁、镉、铟、镓等元素。

[晶系与形态] 晶体属等轴晶系。闪锌矿的完好晶形呈四面体或菱形十二面体，但少见，常呈粒状集合体（图6-6）。

[物理性质] 闪锌矿表面近乎无色，随着含铁量的增加，颜色从浅黄、黄褐变到铁黑色，透明度也由透明到半透明，甚至不透明；条痕颜色较矿物颜色浅，呈浅黄或浅褐色；无色晶体新鲜解理面呈金刚光泽，浅色闪锌矿稍有松脂光泽，深色闪锌矿呈半金属光泽。它有完全的菱形十二面体解理，但在实际观察中很少能看到六个方向有解理的情况。莫氏硬度为3.5～4.0，密度为3.9～4.2 g/cm^3。它有橘黄色荧光。

[成因与产地] 闪锌矿主要产于接触矽卡岩型矿床和中低温热液成因矿床中。

世界的著名产地是澳大利亚的布罗肯希尔、美国的密西西比河谷地等。我国的著名产地是云南金顶、广东凡口和青海锡铁山。

[用途] 闪锌矿是最重要的锌矿石，是提炼锌的主要矿物原料，其成分中所含的镉、铟、镓等稀有元素也可以综合利

用。锌具有优良的抗大气腐蚀性能，在常温下表面易生成一层保护膜，因此锌最大的用途是用于钢材和钢结构件的表面镀层，广泛用于汽车、建筑、船舶、轻工等行业。锌本身的强度和硬度不高，但加入铝、铜等合金元素后，其强度和硬度均大为提高，锌铜钛合金已被广泛应用于小五金生产中。锌还可以用来制作电池。

7 硫镉矿 (Greenockite)

[化学成分] 化学式为CdS。

[晶系与形态] 晶体属六方晶系。硫镉矿常呈粒状、锥状、粉状和土状集合体（图6-7）。

[物理性质] 硫镉矿表面呈黄橙色或暗橙黄色；半透明到透明，具有松脂光泽或金刚光泽，解理不完全；莫氏硬度为3.0～3.5，密度为4.9～5.0 g/cm³。把硫镉矿放入盐酸中会产生一股臭鸡蛋的味道，这是释放出来的硫化氢的味道。

图6-7　硫镉矿

[成因] 硫镉矿主要是含镉闪锌矿的次生风化产物，常与闪锌矿伴生产于铅锌矿床氧化带中。

[用途] 硫镉矿主要用于提炼镉和制造镉黄等镉化合物，主要是冶炼铅、锌后的副产物。近年来还用硫镉矿制作表面弹性波器件。镉能制成很多合金，有较高的抗拉强度和耐磨性。镉的化合物曾广泛用于制造黄色颜料、塑料稳定剂、荧光粉、油漆等，可用于充电电池，镉电池具有体积小、容量大等优点。镉还用于制造电工合金，如电器开关中的电触头大多采用银氧化镉材料，具有导电性能好、抗熔焊性能好等优点。

8 有磁性的矿物——磁黄铁矿 (Pyrrhotite)

[化学成分] 化学式为$Fe_{(1-x)}S$（x = 0～0.17）。磁黄铁矿与FeS相比，理论含量含有更多的硫，部分二价铁被三价铁代替，为保持电价平衡，在二价铁位置上出现空位，这种构造称为缺席构造。

图6-8 磁黄铁矿

[晶系与形态] 晶体属单斜晶系。磁黄铁矿通常呈致密块状集合体（图6-8）。

[物理性质] 磁黄铁矿为暗黑铜黄色，表面常呈褐锈色，条痕灰黑色；不透明，金属光泽，解理不完全；莫氏硬度为4.0，密度为4.6～4.7 g/cm³。它具有导电性和磁性。

磁黄铁矿与镍黄铁矿的区别在于，镍黄铁矿为古铜黄色，色调稍浅于磁黄铁矿，镍黄铁矿无磁性。

[成因与产地] 磁黄铁矿广泛产于内生矿床中。在与基性、超基性岩有关的硫化物矿床中，磁黄铁矿为主要矿物。在Cu-Ni硫化物矿床中，它常与镍黄铁矿、黄铜矿密切共生。在接触变质矿床中，它是矽卡岩晚阶段的产物，与黄铜矿、黄铁矿、磁铁矿、闪锌矿、毒砂等共生。在热液矿床中，它常与黑钨矿、辉铋矿、毒砂、方铅矿、闪锌矿、黄铜矿、石英等共生。

世界最著名的产地是加拿大安大略的萨德伯里。我国的甘肃金川、吉林磐石等铜镍硫化物矿床中均富产磁黄铁矿。

[用途] 磁黄铁矿主要用于提取硫、生产硫酸等；当含有Cu、Ni（含铜磁黄铁矿、含镍磁黄铁矿）时，可以综合利用。

⑨ 红砷镍矿 (Nickeline)

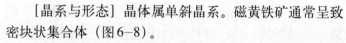

[化学成分] 化学式为NiAs。红砷镍矿石混入物中有铜、铁、钴、铋、锑、硫等。

[晶系与形态] 晶体属六方晶系。红砷镍矿的完好晶体少见，常呈致密块状、粒状集合体，具有梳状、放射状结构的肾状体，有时呈网状和树枝状（图6-9）。

[物理性质] 红砷镍矿石表面呈淡铜红色，条痕褐黑色；金属光泽，不透明，解理不完全，断口不平坦，性脆；莫氏硬度为5.0～5.5，密度为7.6～7.8 g/cm³。红砷镍矿具良导电性，易溶于硝酸和王水。

[成因与产地] 红砷镍矿产于钴镍或银钴镍热液矿脉或基性岩内的铜镍硫化物矿床中，在地表易风化成鲜绿色的镍华。

图6-9 红砷镍矿

世界的主要产地有加拿大、俄罗斯、日本。我国的产地在云南。

[**用途**] 红砷镍矿是提炼镍的矿物原料。

10 铜蓝 (Covellite)

[化学成分] 化学式为 CuS。铜蓝矿石混入物中有铁、银和硒。

[晶系与形态] 晶体属六方晶系。铜蓝的单晶体极为少见，常呈细薄六方板状或片状，通常多以粉末状和被膜状集合体出现（图6-10）。

[物理性质] 铜蓝矿石表面呈蓝色；金属光泽或光泽暗淡，具平行底面完全解理；莫氏硬度为 1.5 ~ 2.0，密度为 $4.7\ g/cm^3$。

[成因与产地] 铜蓝矿主要是外生成因，产于含铜硫化物矿床次生富集带中。

世界上的代表性产地为俄罗斯乌拉尔的勃利亚文。热液型成因的铜蓝较为罕见，在美国蒙大拿的比尤特、南斯拉夫的博尔等铜矿床中有产出。

[**用途**] 铜蓝是提炼铜的矿石。

11 炼丹矿物——辰砂 (Cinnabar)

图6-10 铜蓝

图6-11 辰砂

雄黄酒的传说

传说屈原投江之后，屈原家乡的人们为了不让蛟龙吃掉屈原的遗体，纷纷把粽子、咸蛋抛入江中。还有一位老医生拿来一坛雄黄酒倒入江中，说是可以药晕蛟龙，保护屈原。据说这就是端午节饮雄黄酒的来历。端午节这天，人们把雄黄倒入酒中饮用，并把雄黄酒涂在小孩儿的耳、鼻、额头、手、足等处，希望能够使孩子们不受蛇虫的伤害。但中医专家和民俗专家认为，应该摒弃端午节喝雄黄酒的习俗，因为雄黄酒里含砷，而砷是毒药砒霜的主要成分。

雄黄长期曝露于日光、空气之下，会转换为雌黄，同时产生三氧化二砷（即砒霜）。长期接触雌黄、雄黄，会导致慢性砷中毒，主要表现为胸、背、手足皮肤颜色变暗，手足掌长厚茧或长疔以及皮肤瘙痒、四肢麻木、四肢酸痛、经常失眠、记忆力减退等症状。

[化学成分] 化学式为HgS。

[晶系与形态] 晶体属三方晶系。辰砂晶体主要为菱面体和厚板形，少数为短柱形，贯穿双晶常见，常见的是粒状、块状及被膜状集合体（图6-11）。

[物理性质] 辰砂矿物和条痕都呈朱红色；三组完全解理，金刚光泽；莫氏硬度低，为2.0～2.5，密度为8.0 g/cm³。

[成因与产地] 辰砂是典型的低温热液矿物。

世界的著名产地是西班牙的阿尔玛登、意大利的伊德里亚、俄罗斯的尼基托夫卡、美国的新阿尔玛登。我国的产地有新疆阿尔泰、湖南晃县和贵州铜仁等。

[用途] 辰砂几乎是提炼汞的唯一矿物原料。辰砂的单晶体可以用作激光调制晶体，是当前激光技术的关键材料。辰砂还是中药材之一。

汞俗称水银，是常温常压下唯一以液态存在的金属。汞常温下即可蒸发，汞蒸气和汞的化合物多有剧毒（慢性）。

12 鸡冠石——雄黄 (Realgar)

[化学成分] 化学式为AsS。

[晶系与形态] 晶体属单斜晶系。雄黄的单晶体通常细小，呈短柱状，少见，一般以粒状或块状集合体产出。雄黄如果长期曝露于日光下会变为粉末状（图6-12）。

[物理性质] 雄黄常呈橘红色，条痕呈淡橘红色，与辰砂相似，但辰砂的条痕颜色鲜红；油脂光泽，板状解理良好；莫氏硬度低，为1.5～2.0，密度为3.5 g/cm³。

因雄黄颜色如鸡冠色，又名鸡冠石。

[成因与产地] 雄黄与雌黄、辰砂和辉锑矿紧密共生于低温热液矿床中。

世界上雄黄的最大产地是我国湖南慈利和石门交界的牌峪。

[用途] 雄黄与雌黄是提取砷及制造砷化物的主要矿物原料。雄黄是中国传统中药材，具杀菌、解毒功效。

图6-12　雄黄

13 貌似黄金——黄铜矿 (Chalcopyrite)

图6—13 黄铜矿

[化学成分] 化学式为 $CuFeS_2$。

[晶系与形态] 晶体属四方晶系。黄铜矿的单个晶体很少见，常呈不规则的粒状或致密块状集合体。

[物理性质] 黄铜矿呈黄铜色（图6—13），表面常有斑驳的蓝、紫、褐色的锖色膜，条痕绿黑色；金属光泽，断口参差状或贝壳状，无解理；莫氏硬度为3.0～4.0，小刀可以刻破，密度为4.1～4.3 g/cm³。黄铜矿具脆性。

黄铜矿易被误认为黄铁矿和自然金。它与黄铁矿的区别在于，黄铜矿的颜色更黄和硬度较低。它与自然金的区别在于，黄铜矿的条痕为绿黑色，具脆性及溶于硝酸。

[成因与产地] 在地表风化作用下，黄铜矿常变为绿色的孔雀石和蓝色的蓝铜矿。

世界的著名产地有西班牙的里奥廷托、德国的曼斯菲尔德、瑞典的法赫伦、美国的亚利桑那州和田纳西州、智利的丘基卡马塔等。我国的黄铜矿分布较广，著名产地有甘肃白银厂、山西中条山、湖北、安徽和西藏高原等。

[用途] 黄铜矿是提炼铜的主要矿物之一。

14 黝锡矿 (Stannite)

图6—14 黝锡矿

[化学成分] 化学式为 Cu_2FeSnS_4。黝锡矿中常含有锌。

[晶系与形态] 晶体属四方晶系。黝锡矿的晶体极少见，通常呈粒状块体或在其他矿物中呈细小包裹体出现（图6—14）。

[物理性质] 黝锡矿微带橄榄绿色调的钢灰色，有时呈铁黑色，条痕黑色；不透明，金属光泽，解理不完全，不平坦断口；莫氏硬度为3.0～4.0，密度为4.3～4.5 g/cm³。黝锡矿具脆性。

[成因与产地] 黝锡矿是典型的热液成因矿物，见于高温钨锡矿床、锡石硫化物矿床及高中温多金属或铅锌矿床。

世界的主要产地为玻利维亚及我国湖南。

图6-15　雌黄

[用途] 黝锡矿主要用于炼锡和铜。但由于产量有限，它不是重要的锡矿石矿物。

锡是排列在白金、黄金及银后面的第四种贵金属。它富有光泽、无毒、不易氧化变色，具有很好的杀菌、净化、保鲜效用，生活中常用于食品保鲜、罐头内层的防腐膜等。金属锡主要用于制造合金。

15　雌黄 *(Orpiment)*

[化学成分] 化学式为 As_2S_3。

[晶系与形态] 晶体属单斜晶系。雌黄的单晶体呈板状或短柱状（图6-15），集合体呈片状、肾状、土状等。

[物理性质] 雌黄呈柠檬黄色，条痕鲜黄色；油脂光泽至金刚光泽，板状解理极完全；莫氏硬度低，为 1.5 ~ 2.0，密度为 3.5 g/cm³。

雌黄与雄黄的区别在于，雄黄常呈橘红色，条痕呈淡橘红色。

[成因与产地] 雌黄主要是低温热液成因的矿物，与雄黄、辰砂等矿物共生。

世界的著名产地是马其顿的阿尔查尔、格鲁吉亚的鲁库米斯（晶体最大可达5厘米）、德国的萨克森和美国的犹他州等。我国的湖南慈利和云南南华也有出产。

[用途] 雌黄是提取砷及制造砷化物的主要矿物原料。

16　长条纵纹晶体——辉锑矿 *(Stibnite)*

[化学成分] 化学式为 Sb_2S_3。

[晶系与形态] 晶体属正交晶系。辉锑矿的晶体常见，形态特征鲜明，单晶具有锥面的长柱状或针状，柱面具明显的纵纹，一般呈柱状、针状、放射状或块状集合体（图6-16）。

[物理性质] 辉锑矿表面呈铅灰色，条痕呈黑灰色；强金属光泽，不透明，具脆性，沿柱面发育有一组完全板面解理；莫氏硬度为 2.0 ~ 2.5，密度为 4.5 ~ 4.6 g/cm³。

图6-16　辉锑矿

用蜡烛加热可以使它熔化。

[成因与产地] 辉锑矿常与黄铁矿、雌黄、雄黄、辰砂、方解石、石英等共生于低温热液矿床。它是分布最广的锑矿石。

我国是著名的产锑国家，储量居世界第一位，尤以湖南新化锡矿山的锑矿储量大、质量高。

[用途] 辉锑矿是提炼锑的最重要的矿物原料。金属锑最大的用途是与铅和锡制作合金，以及制作铅酸电池中所用的铅锑合金板。锑与铅和锡制成合金可用来提升焊接材料、子弹及轴承的性能。此外，锑化合物是阻燃剂的重要添加剂。

11 辉铋矿 (Bismuthinite)

[化学成分] 化学式为 Bi_2S_3。辉铋矿混入物中有铅、铜、铁、锑、硒、碲等元素。

[晶系与形态] 晶体属斜方晶系。辉铋矿的集合体呈放射柱状或致密粒状（图6-17）。

[物理性质] 辉铋矿微带铅灰的锡白色、灰色、银白色，表面常呈现黄色或斑状锖色，条痕铅灰色或灰黑色；不透明，金属光泽，解理平行完全，具挠性；莫氏硬度为2.0，密度为6.8～7.2 g/cm³。

[成因与产地] 辉铋矿主要见于高温热液钨锡矿床，与黑钨矿、辉钼矿、黄玉和毒砂等共生，在中温热液和接触交代矿床中也有产出。

世界的著名产地有玻利维亚、美国，以及我国的赣南等地。

[用途] 辉铋矿是提炼铋的最主要的矿物原料。铋主要用于制造易熔合金，熔点范围是47℃～262℃。最常用的是铋同铅、锡、锑、镉等金属组成的合金，主要用于消防装置、自动喷水器、锅炉的安全塞。一旦发生火灾时，一些水管的活塞会"自动"熔化，喷出水来。在消防和电气工业上，它可用作自动灭火系统和电器保险丝、焊锡。铋合金具有凝固时不收缩的特性，用于铸造印刷铅字和高精度铸型。此外，碳酸氧铋和硝酸氧铋可用于治疗皮肤损伤和肠胃病。

知识链接

矿物药

矿物药具有抗肿瘤、抗炎、抑菌等药理活性。矿物药在我国应用历史悠久，早在《本草纲目》中就列载134种，其中金属类28种、玉类14种、石类72种、卤石类20种。如金、银、铜、铁、锡、云母、石英、玛瑙、丹砂、水银、钟乳石、磁石、麦饭石、金刚石、食盐、硫磺、明矾、硼砂、雄黄、蒙脱石，等等。大量研究证明，矿物药的化学成分主要为无机化合物及其单质，成分含量及药效与其炮制方法有关。适宜的炮制方法可以降低或消除矿物毒性，提高药性的有益成分。

图6-17 辉铋矿

第六章 硫化物及其类似化合物矿物 45

18 愚人金——黄铁矿 (Pyrite)

图6-18 五角十二面体黄铁矿

[化学成分] 化学式为 FeS_2。其矿石成分中通常含有钴、镍和硒。

[晶系与形态] 晶体属等轴晶系。黄铁矿常有完好的晶形，呈五角十二面体（图6-18）、八面体、立方体（图6-19）及其聚形。它的立方体晶面上有与晶棱平行的条纹，各晶面上的条纹相互垂直。集合体呈致密块状、粒状或结核状。

[物理性质] 黄铁矿呈浅黄（铜黄）色，颜色似黄金，常被误认为是自然金，俗称"愚人金"，条痕呈绿黑色；强金属光泽，不透明，无解理，参差状断口；莫氏硬度较大，达6.0~6.5，小刀刻不动，密度为5.0~5.2 g/cm^3。在地表条件下，黄铁矿易风化为褐铁矿。加热后它有磁性。

图6-19 立方体黄铁矿

黄铁矿与自然金的区别在于，自然金具有较大的密度；黄铁矿有较大的硬度，常有完好的晶形，晶面上有与晶棱平行的条纹。

[成因与产地] 黄铁矿是分布最广泛的硫化物矿物，在各类岩石中都可出现。

世界的著名产地有西班牙里奥廷托、捷克、斯洛伐克和美国。我国黄铁矿的储量居世界前列，著名产地有广东英德和云浮、安徽马鞍山、甘肃白银厂等。

[用途] 黄铁矿是提取硫和制造硫酸的主要原料。

⑲ 矛状晶体——白铁矿 (Marcasite)

[化学成分] 化学式为 FeS_2。白铁矿的化学成分与黄铁矿相同，但晶体结构不同，二者属于同质二象变体。

[晶系与形态] 晶体属斜方晶系。白铁矿往往呈鸡冠状或矛状，晶面上有与晶棱平行的条纹（图6-20），集合体呈结核状、球状、钟乳状、皮壳状等。

[物理性质] 白铁矿的表面呈锡白色和青铜黄色，条痕暗灰绿色；金属光泽，不透明，解理不完全，参差状断口；莫氏硬度为 6.0～6.5，密度为 $4.9\ g/cm^3$。加热后它有磁性。

[成因与产地] 白铁矿产于热液脉状矿床和沉积岩中。世界范围内广泛分布。

[用途] 白铁矿有时用于制造硫酸。

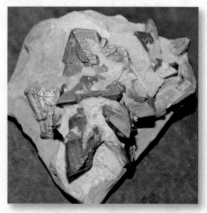

图6-20 矛状白铁矿

⑳ 魔术师——辉钴矿 (Cobaltite)

[化学成分] 化学式为 CoAsS。

[晶系与形态] 晶体属等轴晶系。辉钴矿晶体呈八面体、立方体、五角十二面体或它们的聚形，集合体呈粒状或致密块状（图6-21）。

图6-21 辉钴矿

[物理性质] 辉钴矿表面呈微带玫瑰红的白色，条痕灰黑色；金属光泽，具脆性；莫氏硬度为 5.0～6.0，密度为 $6.0～6.5\ g/cm^3$。

[成因与产地] 辉钴矿为热液成因矿物，产于接触交代矿床和含钴热液矿脉中。在地表，辉钴矿易氧化呈玫瑰色钴华。

世界的著名产地有加拿大、瑞典、意大利、美国。

[用途] 辉钴矿用于提炼金属钴，也用于陶瓷的着色。金属钴主要用于制取合金。含有一定量钴的刀具钢，可以显著地提高钢的耐磨性和切削性能。钴合金还用于制造高效率的高温发动机。含有60%钴的磁性钢，比一般磁性钢的矫顽磁力提高2.5倍。钴金属在电镀、玻璃、

知识链接

钴的魔术

据记载，16世纪著名的化学家帕拉塞尔萨斯常爱表演他的拿手戏法，每次都博得看客的热烈掌声。一次，他先把一幅画有覆盖着积雪的树木和小山的冬季风景油画拿给观众看，待人们欣赏之后，他在众目睽睽之下把油画中的冬天"变"成了夏天——树上的积雪一下子不见了，变成了成簇的绿叶，白色积雪的山丘则变成了长满绿草的山坡。其实，这是帕拉塞尔萨斯利用氯化钴变的一个魔术。原来，在室温下，氯化钴可以制成一种白色溶液，用这种溶液作画，待画干了后，只要稍微加热，氯化钴就会变成非常漂亮的绿色。帕拉塞尔萨斯表演时，先把氯化钴溶液涂在他的"魔画"上，然后趁观众欣赏画面而没有注意他的瞬间，麻利地将一支蜡烛悄悄地放在油画背后加热，氯化钴受热后就变成绿色。于是，油画中就发生了使人目瞪口呆的季节变化。

图6-22　辉砷镍矿

染色、医药医疗等方面也有广泛应用。用碳酸锂与氧化钴制成的钴酸锂是现代应用最普遍的高能电池正极材料。钴的一些化合物，在不同状态和温度时，具有变幻莫测的颜色。中世纪时，威尼斯的玻璃工匠用钴颜料制造各种精致的蓝色玻璃杯。古代中国的景泰蓝也是用蓝色的钴颜料烧制的。

21　辉砷镍矿（Gersdorffite）

　　[化学成分]　化学式为NiAsS。辉砷镍矿成分中经常含铁和钴。

　　[晶系与形态]　晶体属等轴晶系。辉砷镍矿晶体呈八面体、五角十二面体或立方体与八面体聚形，通常呈粒状集合体（图6-22）。

　　[物理性质]　辉砷镍矿表面呈银灰色至钢灰色，条痕灰黑色；金属光泽，解理偶见；莫氏硬度为5.5，密度为$5.6 \sim 6.2 \text{ g/cm}^3$。

　　[成因]　辉砷镍矿为热液成因矿物，常见于某些钴镍热液矿床中，与红砷镍矿等矿物共生。

　　[用途]　辉砷镍矿是炼镍的矿石矿物，同时可炼钴。

22　制取砒霜的矿物——毒砂（Arsenopyrite）

图6-23　毒砂

［化学成分］化学式为FeAsS。

［晶系与形态］晶体属单斜或三斜晶系。毒砂晶体多为柱状，晶面常有条纹（图6–23）。

［物理性质］毒砂矿表面呈锡白色至钢灰色，条痕为灰黑色；不透明，金属光泽，断口不平坦；莫氏硬度为5.5 ~ 6.0，密度为5.9 ~ 6.3 g/cm³。用锤击打时，毒砂发出蒜臭味。灼烧后它有磁性。

［成因与产地］毒砂一般呈柱状晶体或粒状和致密块状集合体产于高温或中温热液矿床中。金矿床中所产的毒砂常含金；钴矿床中所产的毒砂常含钴，当钴的含量达3% ~ 12%，称为钴毒砂。毒砂在地表易风化成次生矿物——臭葱石。毒砂还常产于钨锡矿脉中，与黑钨矿、锡石共生。

世界的主要产地有德国的弗赖贝格、英国的康沃尔、加拿大的科博尔特等。我国的产地主要分布于湖南、江西、云南等省。

［**用途**］毒砂是制取砷和各种砷化物的主要矿物原料。在中国，毒砂旧称白砒石，从中制取砒霜（As_2O_3）的历史悠久。

23 辉钼矿（Molybdenite）

［化学成分］化学式为MoS_2。

［晶系与形态］晶体有不同类型，分属六方和三方晶系，通常呈叶片状、鳞片状集合体（图6–24）。

［物理性质］辉钼矿呈铅灰色，表面上看像铅，条痕为亮铅灰色；强金属光泽，一组极完全底面解理，薄片具挠性，在光薄片下，不透明，有白色到灰白色的强烈多色性和非均质性；莫氏硬度为1.0 ~ 1.5，密度为5.0 g/cm³。

辉钼矿与石墨相似，区别在于，辉钼矿的密度较大、光泽较强、颜色及条痕较淡。

图6–24 辉钼矿

［成因与产地］辉钼矿常产于花岗岩与石灰岩的接触带，以及伟晶气成矿床中。

世界的著名产地是美国科罗拉多州的克来马克斯和尤拉德-亨德森。我国的辉钼矿储量名列世界前茅，辽宁的杨家杖子是主要产地。

[用途] 辉钼矿是提炼钼的最重要的矿物原料。钼主要用于钢铁工业。不锈钢中加入钼，能改善钢的耐腐蚀性。在铸铁中加入钼，能提高铁的强度和耐磨性能。含钼的镍基超合金具有熔点高、密度低和热胀系数小等特性，可用于制造航空和航天的各种高温部件。金属钼在电子管、晶体管和整流器等电子器件方面有广泛应用。氧化钼和钼酸盐是化学和石油工业中的优良催化剂。二硫化钼是一种重要的润滑剂，用于航天和机械工业部门。

24 圆柱锡矿 (Cylindrite)

图6-25 圆柱锡矿

[化学成分] 化学式为 $Pb_3Sn_4FeSb_2S_{14}$。

[晶系与形态] 晶体属三斜晶系。圆柱锡矿晶体呈圆柱状，集合体呈放射状（图6-25）。

[物理性质] 圆柱锡矿表面呈铅灰色、灰黑色，条痕为黑色；不透明，金属光泽，无解理；莫氏硬度为2.5，密度为5.4 g/cm³。

[成因] 圆柱锡矿是中温热液铜矿床的特征矿物。

[用途] 圆柱锡矿是提炼锡的来源之一。

25 硫砷铜矿 (Enargite)

图6-26 硫砷铜矿

[化学成分] 化学式为 Cu_3AsS_4。硫砷铜矿中常含有少量锑、锌、铁等。

[晶系与形态] 晶体属斜方晶系。硫砷铜矿晶体呈柱状、板状，集合体呈粒状或柱粒状。

[物理性质] 硫砷铜矿表面呈钢灰色、灰黑色（图6-26）或黄黑色；弱金属光泽；莫氏硬度为3.5，密度为4.3 ~ 4.5 g/cm³。它溶于王水。在光片上，王水作用后染为褐色，氰化钾作用后变黑，硫化氨作用形成浅褐色的青色。硝酸、浓盐酸、三氯化铁、氢氧化钾对它均不起作用。

[成因与产地] 硫砷铜矿是中温热液铜矿床的特征矿物，与黄铜矿、黄铁矿等共生。

世界的主要产地为秘鲁的摩洛，以及智利、阿根廷、菲律宾、美国。我国的产地为福建上杭、辽宁、安徽、台湾等。

[用途] 硫砷铜矿是制取砷和铜的原料。

26 脆银矿 (Stephanite)

[化学成分] 化学式为 Ag_5SbS_4。

[晶系与形态] 晶体属斜方晶系。脆银矿晶体呈短柱状或板状，板面上有斜的晶面条纹（图6-27）。

[物理性质] 脆银矿表面呈铁黑色，条痕为黑色；金属光泽，不透明，解理不完全，断口参差状至次贝壳状；莫氏硬度为2.0～2.5，密度为6.3 g/cm^3。

[成因与产地] 脆银矿产于含银脉状矿床中，与自然银、其他银矿物、黝铜矿和硫化物共生。

图6-27 脆银矿

世界的著名产地为挪威的康格斯伯格、智利的占那尔西洛。

[用途] 脆银矿是提炼银的来源之一。

27 黝铜矿 (Tetrahedrite)

[化学成分] 化学式为 $Cu_6[Cu_4(Fe, Zn)_2]Sb_4S_{13}$。黝铜矿中常含有银、锌、汞、铁等元素。

[晶系与形态] 晶体属等轴晶系。黝铜矿单晶体常呈四面体，集合体通常呈致密块状或粒状（图6-28）。

[物理性质] 黝铜矿表面呈灰黑色，条痕为钢灰色至铁黑色，有时带褐色；金属至半金属光泽，在不新鲜断口上变暗，不透明，无解理，具脆性；莫氏硬度为3.0～4.0，密度为4.6～5.0 g/cm^3。黝铜矿具弱导电性。

[成因与产地] 黝铜矿产于各种热液矿床中，以中低温热液矿床为常见，也见于铜、铅、锌、银等金属硫化物的热液矿床中。

图6-28 黝铜矿

美国爱达荷州的桑夏恩以产银黝铜矿著名。我国的一些多金属矿床中有不同数量的黝铜矿产出。

[用途] 黝铜矿虽然是分布最广的一种硫盐矿物，但

数量一般不大，通常与伴生的其他铜矿物一起作为铜矿石利用。银黝铜矿是提炼银的来源之一。

28 砷黝铜矿 (Tennantite)

图6-29 砷黝铜矿

[化学成分] 化学式为$Cu_6[Cu_4(Fe,Zn)_2]As_4S_{13}$。砷黝铜矿中含微量的金、硒、碲、锗等。

[晶系与形态] 晶体属立方晶系。砷黝铜矿晶形为四面体，集合体主要为细粒结构的连生体及致密块状（图6-29）。

[物理性质] 砷黝铜矿表面呈暗灰色和暗褐灰色，有时在颗粒表面覆有绿色和褐色薄膜，粉末为黑色、暗灰色；断口处为金属光泽，不透明，无解理，断口不规则，性脆，易磨光；莫氏硬度为3.0～4.0，密度为4.6～5.4 g/cm^3。砷黝铜矿溶于浓硝酸，析出粉末状S和As的氧化物。矿物置于硝酸溶液中，加入氢氧化铵溶液后呈蓝色。

[成因与产地] 砷黝铜矿产于热液矿床和接触变质矿床中，与铜、铅、锌、银的硫化物共生。

我国的主要产地有甘肃白银厂、新疆哈巴河阿舍勒、四川白玉县呷村、江西德兴县铜厂和福建上杭县紫金山等铜矿区。

[用途] 砷黝铜矿主要用于提炼铜和制备铜化合物。

29 淡红银矿 (Proustite)

图6-30 淡红银矿

[化学成分] 化学式为Ag_3AsS_3。

[晶系与形态] 晶体属三方晶系。淡红银矿晶体呈柱状、菱面体和偏三角面体，通常呈粒状和块状或致密状集合体产出（图6-30）。

[物理性质] 淡红银矿表面呈鲜红色，其表面因易氧化而常被暗黑色的薄膜所覆盖，粉末呈砖红色，条痕也是鲜红色，在光线下颜色变暗；半透明到不透明，金刚至半金属光泽，菱面体解理，断口贝壳状至参差状；莫氏硬度为2.0～2.5，密度为5.6 g/cm^3。它溶于硝酸，易熔。

[成因与产地] 淡红银矿是热液成因的矿物，通常与其他银矿物一起产出，作为银矿石利用。它与多种矿物伴生于热液矿脉，如黝铜矿和砷黝铜矿，以及一些硫化物，如方铅矿、石英。

世界的著名产地有墨西哥、玻利维亚、德国，在智利的查纳西约发现过美观的淡红银矿大晶体。我国的辽宁、江西、青海、广东等省的铅锌银矿床中均有淡红银矿。

[用途] 淡红银矿是提炼银的矿物原料，其单晶体可用作激光材料。

30 深红银矿 (Pyrargyrite)

[化学成分] 化学式为 Ag_3SbS_3。

[晶系与形态] 晶体属三方晶系。深红银矿晶体呈柱状或偏三角面体，有时成为双晶，也呈块状、致密状集合体和浸染状颗粒产出（图6-31）。

[物理性质] 深红银矿表面呈暗红色到黑色，条痕为暗红色；半透明，金刚至半金属光泽，完全解理，断口贝壳状到参差状，莫氏硬度为2.0～2.5，密度为5.8～5.9 g/cm^3。

[成因] 深红银矿与银及其他矿物，如黄铁矿、方铅矿、石英、白云石和方解石，共生于热液矿脉。它常见于中低温铅锌矿床中，为晚期形成矿物，也可以在次生富集中形成。

[用途] 深红银矿是提取银、锑的矿物原料。

图6-31　深红银矿

31 车轮矿 (Bournonite)

[化学成分] 化学式为 $CuPbSbS_3$。车轮矿中常含有砷、铁、银、锌、锰等元素。

[晶系与形态] 晶体属斜方晶系。车轮矿晶体呈短柱状和板状，集合体通常呈假立方状（图6-32）。

[物理性质] 车轮矿表面呈钢灰色至暗铅灰色，条痕为深灰色或黑色；不透明，金属光泽，解理不完全，断口半贝壳状或参差状，具脆性；莫氏硬度为2.5～3.0，密度

图6-32　车轮矿

为 $5.7 \sim 5.9 \ \text{g/cm}^3$。

[成因与产地] 车轮矿广泛分布在中温和低温热液矿床中，但数量不多，主要分布在铅锌和多金属矿床中，与较晚的硅化阶段有关。在低温锑矿中，车轮矿为早期析出的矿物。在氧化带中，车轮矿易分解为孔雀石、白铅矿及氧化锑。

世界的著名产地有乌拉尔、捷克的普里布拉姆、智利的华斯科爱尔多、英国康威尔的惠尔博爱斯等地。我国的产地为湖南瑶岗仙。

[用途] 车轮矿是提取锑、铅、铜的矿物原料。

32 羽毛矿——脆硫锑铅矿 (Jamesonite)

图6-33 脆硫锑铅矿

[化学成分] 化学式为 $Pb_4FeSb_6S_{14}$。

[晶系与形态] 晶体属单斜晶系。脆硫锑铅矿晶体形态呈柱状或针状，通常呈羽毛状集合体，故有"羽毛矿"之称（图6-33）。

[物理性质] 脆硫锑铅矿表面呈铅灰色，条痕为灰黑色；不透明，金属光泽；莫氏硬度为 $2.5 \sim 3.0$，密度为 $5.6 \ \text{g/cm}^3$。

[成因与产地] 脆硫锑铅矿产于中低温热液矿床成矿晚期，与方铅矿、闪锌矿、黝铜矿、硫铅锑矿等共生。在氧化带，它分解成铅矾、白铅矿、锑华等。

世界的著名产地是我国广西大厂。此外，还有墨西哥的希达尔戈、英国的康沃尔等。

[用途] 脆硫锑铅矿是提炼铅和锑的矿物原料。

第七章

氧化物和氢氧化物矿物

氧化物和氢氧化物是金属阳离子和某些非金属阳离子与氧或氢氧根相化合形成的化合物，有400多种，占地壳总质量的17%。其中，铁的氧化物和氢氧化物占3%~4%，其次为铝、锰、钛、铬的氧化物。氧化物和氢氧化物矿物可提取金属元素，直接作为工业原料、宝石原料。

1 赤铜矿 (Cuprite)

(a)

(b)

图7-1 赤铜矿

[化学成分] 化学式为 Cu_2O。赤铜矿中有时含有铁硅混合物。

[晶系与形态] 晶体属等轴晶系。赤铜矿主要呈立方体或八面体晶形，或与菱形十二面体形成聚形，晶形沿立方体棱的方向生长，形成毛发状或交织成毛绒状形态，也包括长条形、闪闪发亮的晶体，称毛赤铜矿。赤铜矿的集合体呈致密块状、粒状或土状。

[物理性质] 赤铜矿的新鲜面呈洋红色（图7-1），长时间曝露于空气中即呈暗红色而光泽暗淡，条痕为棕红色；透明至半透明，金刚光泽或半金属光泽，无解理，贝壳状或不规则状断口；莫氏硬度为3.5～4.0，密度为6.1 g/cm^3。

[成因与产地] 赤铜矿产于铜矿床氧化带中。

世界的主要矿区分布在法国、智利、玻利维亚、南澳大利亚、美国等地。我国是世界上赤铜矿蕴藏较多的国家之一，云南东川铜矿和江西、甘肃等地铜矿区都有产出。

[用途] 因分布少，赤铜矿只作为次要的铜矿石利用。

2 红锌矿 (Zincite)

图7-2 红锌矿

[化学成分] 化学式为 ZnO。红锌矿中可含微量的锰、铅、铁等。

[晶系与形态] 晶体属六方晶系。红锌矿的集合体呈致密块状（图7-2）。

[物理性质] 红锌矿表面呈橙黄、暗红或褐红色，条痕为橘黄色；透明到半透明，金刚光泽，解理完全，贝壳状断口，具脆性；莫氏硬度为4.0～5.0，密度为5.6～5.7 g/cm^3。

[成因与产地] 红锌矿产于铅锌矿床中，有时呈闪锌矿的假象。

世界的著名产地有德国的隆克林、美国的新泽西州等。

[用途] 红锌矿用于提炼锌，以及制造锌酚、氧化锌、氯化锌、硫酸锌、硝酸锌等。近年来，红锌矿亦被用作表面弹性波器件。

3 贵重宝石——刚玉 (Corundum)

[化学成分] 化学式为 Al_2O_3。刚玉中可含微量的铁、钛或铬等。

[晶系与形态] 晶体属三方晶系。刚玉的单晶多呈桶状双锥形，或双锥与底板面的聚形，较少为厚板状，晶面上常有斜纹或横纹。它的集合体呈粒状或致密块状（图7-3，4，5）。

图7-3 刚玉

图7-4 红刚玉

[物理性质] 刚玉晶体一般为蓝灰、黄灰、红和绿色，含少量的铬时呈红色，含少量的铁和钛时呈蓝色；玻璃光泽，透明，无解理，裂理发育；莫氏硬度为9.0，密度为 $4.0\ g/cm^3$。红宝石和蓝宝石分别是透明的红色和蓝色宝石级刚玉的别称。

[成因与产地] 刚玉常产于穿插于超基性岩内的伟晶岩中，以及高铝低硅的变质岩中，并常见于冲积砂矿中。

图7-5 蓝刚玉

世界的著名产地有俄罗斯的乌拉尔山脉、南非的德兰士瓦、加拿大的安大略、土耳其的士麦那、希腊的纳克索斯。宝石级的刚玉砂矿主要产于缅甸、斯里兰卡、泰国、坦桑尼亚、美国的蒙大拿州。

[用途] 刚玉可作为研磨材料及制造精密仪器的轴承。颜色鲜艳透明者可作贵重宝石。

4 炼铁原料——赤铁矿 (Hematite)

[化学成分] 化学式为 Fe_2O_3。

[晶系与形态] 晶体属三方晶系。赤铁矿与等轴晶系的磁铁矿呈同质多象。它的单晶体常呈菱面体和板状。它的集合体形态多样，有片状、鳞片状、粒状、鲕状、肾状、土状、致密块状等（图7-6）。

[物理性质] 赤铁矿显晶质呈铁黑至钢灰色，隐晶质呈暗红色，条痕为樱红色；金属至半金属光泽，不透明，无解理，裂理发育；莫氏硬度为5.5~6.5，密度为

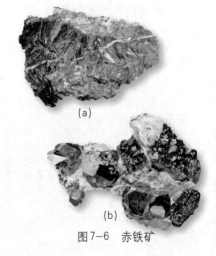

(a)

(b)

图7-6 赤铁矿

图7-7 镜铁矿和石英

知识链接

铁与生命

对于人体，铁是不可缺少的微量元素。人体血液中的血红蛋白就是铁的化合物，它具有固定氧和输送氧的功能。人体缺铁会引起贫血症。所谓煤气中毒，也是由于血红素中铁原子核心被一氧化碳气体分子紧紧地包围住，丧失了吸收氧分子的能力，使人窒息中毒而死亡。铁还是植物制造叶绿素不可缺少的催化剂。如果一株开花植物缺少铁，其花就会失去艳丽的颜色，失去那沁人肺腑的芳香，叶子也会发黄枯萎。

不易褪色的矿物颜料

新石器时期开始（大约1万年前至公元前4000年），人们就尝试着从赤铁矿中提取红色并绘制在彩陶上。中国传统颜料起源于矿物色和植物色，迄今约有7 000年的历史。辰砂最早出现在秦安大地湾彩绘陶器上和河姆渡村遗址漆碗上。周朝后，辰砂主要用于书写、陶器的彩绘、纺织品涂色、油漆和漆器中颜料、化妆用品、宗教用品、装饰玉器着色、壁画颜料和彩墨颜料等方面。矿物颜料具有色彩鲜艳、洁

（接下页）

$5.0 \sim 5.3 \ g/cm^3$。呈铁黑色、金属光泽的片状赤铁矿集合体，称为镜铁矿（图7-7）。

[成因与产地] 多数重要的赤铁矿矿床是变质成因的，也有一些是热液成因的，或大型水盆地中风化和胶体沉淀形成的。

世界著名的赤铁矿矿床有美国的苏必利尔湖和克林顿、俄罗斯的克里沃伊洛格、巴西的迈那斯格瑞斯等。我国的著名产地有辽宁鞍山、甘肃镜铁山、湖北大冶、湖南宁乡和河北宣化等。

[用途] 赤铁矿是重要的炼铁原料，也可用作红色颜料。

在我们的生活里，铁可以算得上是最有用、最价廉、最丰富、最重要的金属了。铁是碳钢、铸铁的主要元素。在工农业生产中，装备制造、铁路车辆、道路、桥梁、轮船、码头、房屋、土建均离不开钢铁构件，钢铁的年产量代表一个国家的现代化水平。

5 钙钛矿 (Perovskite)

[化学成分] 化学式为$CaTiO_3$。钙钛矿的混入物有钠、铈、铁、铌等。

[晶系与形态] 晶体属等轴晶系。钙钛矿的晶体一般呈立方体或八面体形状（图7-8）。

[物理性质] 钙钛矿表面呈褐至灰黑色，条痕为白至灰黄色；金刚光泽，解理不完全，断口参差状；莫氏硬度为$5.5 \sim 6.0$，密度为$4.0 \ g/cm^3$。钙钛矿有弱磁性。在氢氟酸中，它的溶解度较大，缓慢溶于热盐酸。它溶于磷酸并在冷却稀释后，加入过氧化钠或过氧化氢，溶液呈黄褐色或橙黄色。

图7-8 钙钛矿

[成因] 钙钛矿作为副矿物，产出于碱性岩、蚀变辉石岩中，

主要与钛磁铁矿共生。

[**用途**] 钙钛矿可用于提炼钛、铌和稀土元素，但必须是大量聚集时才有开采价值。由于这类化合物具有稳定的晶体结构、独特的电磁性能，以及很高的氧化还原、氢解、异构化、电催化等活性，因此作为一种新型的功能材料，在环境保护和工业催化等领域具有很大的开发潜力。

6 太空金属——钛铁矿 (Ilmenite)

图7-9　钛铁矿

[**化学成分**] 化学式为$FeTiO_3$。

[**晶系与形态**] 晶体属三方晶系。钛铁矿常呈不规则粒状、鳞片状、板状或片状集合体（图7-9）。

[**物理性质**] 钛铁矿表面呈铁黑或钢灰色，条痕为钢灰或黑色，当含有赤铁矿包体时，呈褐或褐红色；金属至半金属光泽，断口贝壳状或亚贝壳状；莫氏硬度为5.0～6.0，密度为4.4～5.0 g/cm³。钛铁矿有弱磁性。在氢氟酸中，其溶解度较大。它缓慢溶于热盐酸；也溶于磷酸并在冷却稀释后，加入过氧化钠或过氧化氢，溶液呈黄褐色或橙黄色。

[**成因与产地**] 钛铁矿可产出于各类侵入岩中，在基性岩及酸性岩中分布较广；产于伟晶岩者，粒度较大，可达数厘米。

世界的著名矿区有俄罗斯的伊尔门山、挪威的克拉格勒、美国怀俄明州的铁山、加拿大魁北克的埃拉德湖等。我国四川攀枝花铁矿也是一个大型的钛铁矿产地。

[**用途**] 钛铁矿主要用于提取钛。

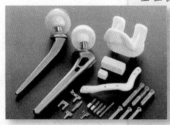

图7-10　用钛合金制造人造骨

净、可保持千年而不褪色的特点。由于这些颜料矿物是在一定的地质环境下形成的，并具有较稳定的物理、化学性质，因此，用这些矿物颜料所绘的各种画作，其颜色能保持经久不变。如甘肃敦煌的壁画，故宫内珍藏的五代《韩熙载夜宴图》《芙蓉锦鸡》等。矿物颜料的制作是将矿物机械破碎、分选、漂洗和提纯，最后配胶加工而成。

常用的颜料矿物有：赤铁矿（棕红色），蓝铜矿（蓝色调），孔雀石（绿色调），绿松石（蓝绿色），雄黄（橘红色），辰砂（朱红色），三水铝土矿（土黄色），天青石（暗蓝色），蓝铁矿（淡青色），青金石（深蓝色），软锰矿（灰黑色），磁铁矿（钢灰色），石墨（黑色），滑石（浅绿或白带浅黄），胆矾（墨绿色、亮绿）。

"太空金属"——钛

钛具有稳定的化学性质，特别是由于具有良好的耐高温、耐低温、抗强酸、抗强碱，以及高强度、低密度的特性，被美誉为"太空金属"。钛能与铁、铝、钒或钼等其他金属熔成合金，制造出高强度的轻合金，多用作飞机发动机零件和火箭、导弹结构件。钛合金还可作燃料和氧化剂的储箱及高压容器。在军事上，已有用钛合金制造自动步枪、迫击炮座板及无后坐力炮的发射管。在石油工业上，用于制作各种容器、反应器、热交换器、蒸馏塔、管道、泵和阀等。钛镍形状记忆合金在仪器仪表上已有广泛应用。

在医疗中，钛合金与人体具有很好的"相容性"，因此可以用来制造人造骨（图7-10）等。钛白粉是颜料和油漆的良好原料。此外，碳化钛是新型硬质合金材料。氮化钛颜色近于黄金，在装饰方面应用广泛。

图7-11 金红石

7 金红石 (Rutile)

[化学成分] 化学式为TiO_2。

[晶系与形态] 晶体属四方晶系。金红石晶体呈带双锥的柱状或针状（图7-11），柱面常有纵纹，膝状双晶常见。金红石显微针状晶体常被包裹于石英、金云母、刚玉等晶体中，尤其在刚玉中呈六射星形分布，形成星光红宝石和星光蓝宝石。

[物理性质] 金红石表面呈红褐色到几乎黑色，条痕为浅褐色；金刚光泽至半金属光泽，柱面解理清楚；莫氏硬度为6.0～6.5，密度为4.3 g/cm³。

[成因与产地] 金红石常作为副矿物，产出于花岗岩、伟晶岩、片麻岩、云母片岩和榴辉岩等岩石中，也以碎屑或砂矿形式分布于沉积岩或沉积物中。

世界的著名产地有挪威、瑞典、俄罗斯的伊尔门山、澳大利亚的新南威尔士和昆士兰、美国的弗吉尼亚州等。我国的江苏、辽宁、山东、河南、湖北、安徽等省也有产出。

[用途] 金红石用于提炼金属钛。钛由于具有耐高温、耐低温、耐腐蚀、高强度、小比重等优异性能，被广泛用于军工、航空、航天、航海、机械、化工、海水淡化等方面。金红石本身是高档电焊条必需的原料之一，也是生产金红石型钛白粉的最佳原料。金红石还可用于提取二氧化钛，制造光触媒产品。有少量金红石可用作宝石，还可用作半导体和检波器。

知识链接

"脾气古怪"的锰钢

锰钢的脾气十分古怪而有趣。如果在钢中加入2.5%～3.5%的锰，那么制得的低锰钢简直脆得像玻璃一样，一敲就碎。然而，如果加入13%以上的锰，制成高锰钢，那么就会变得既坚硬又富有韧性。高锰钢加热到淡橙色时，变得十分柔软，很易进行各种加工。另外，它没有磁性，不会被磁铁所吸引。如今，人们大量用锰钢制造钢磨、滚珠轴承、推土机与掘土机的铲斗等经常受磨的构件，以及铁轨、桥梁等。在军事上，用高锰钢制造钢盔、坦克钢甲、穿甲弹的弹头等。

图7-12 软锰矿

8 软锰矿 (Pyrolusite)

[化学成分] 化学式为MnO_2。

[晶系与形态] 晶体属四方晶系。软锰矿多呈肾状（图7-12）、结核状、块状或粉末状集合体，其中呈树枝状、似化石的形态长于裂隙面的，俗称假化石。

[物理性质] 软锰矿表面呈铁黑色，条痕为黑色；半金属光泽；莫氏硬度为1.0～2.0，密度为4.5～5.0 g/cm³。摸之污手。

[成因与产地] 软锰矿形成于强氧化环境，除呈矿巢或矿层产于残留黏土中外，还可在沼泽中及湖底、海底和洋底形成沉积矿床。

世界的著名产地有俄罗斯、加蓬、巴西、澳大利亚。我国的主要产地为湖南、广西、辽宁、四川等地。

[用途] 软锰矿是提炼锰的重要矿物原料；在冶金工业中，可用来制造特种锰钢。

⑨ 重要的锡矿石——锡石 (Cassiterite)

[化学成分] 化学式为 SnO_2。锡石中常含铁和铌、钽等氧化物的细分散包裹体。

[晶系与形态] 晶体属四方晶系。锡石的单晶体常呈双锥短柱状，也有呈细长柱状或双锥状的，膝状双晶普遍，集合体多呈粒状（图7-13）。

[物理性质] 锡石多呈黄棕色至深褐色；金刚光泽，断口油脂光泽，半透明至不透明；莫氏硬度为6.0～7.0，密度为6.8～7.1 g/cm³。

图7-13 锡石

[成因与产地] 锡石产于花岗岩类侵入体内部或近岩体围岩的热液脉中，在伟晶岩和花岗岩中也常有分布。

世界的著名产地是我国的云南、广西及南岭一带，以及东南亚、玻利维亚、俄罗斯等地。我国云南个旧锡矿开采悠久，素有"锡都"之称。

[用途] 锡石是炼锡的最主要矿物原料。金属锡主要用于制造合金。锡具有光泽、无毒、不易氧化变色等特点，具有很好的杀菌、净化、保鲜效用，在生活中，常用于食品保鲜、罐头内层的防腐膜等。在我国古代，锡常被用来制作青铜。

⑩ 板钛矿 (Brookite)

[化学成分] 化学式为 TiO_2。板钛矿的成分中，钛可被铁、铌、钽代替。

[晶系与形态] 晶体属斜方晶系。板钛矿的晶形多呈

图7-14 板钛矿

板状，也有的呈柱状（图7-14）。

[物理性质] 板钛矿表面呈黄、淡红、淡红褐、铁黑等色，条痕无色至淡黄、淡黄灰、淡灰、淡褐等色；金刚光泽至金属光泽，解理不完全，断口参差状；莫氏硬度为5.5 ～ 6.0，密度为3.9 ～ 4.1 g/cm^3。

[成因与产地] 板钛矿产于区域变质岩系的石英脉中，或作为火成岩的副矿物产出，有时产于接触变质岩石中，也是沉积岩的一种造岩矿物。

世界的著名产地有美国阿肯色州的磁铁矿湾、瑞士的蒂洛尔、俄罗斯的乌拉尔，以及巴西、英国等地。

[用途] 板钛矿中，金鲜红色者可仿红宝石，一些浅黄色者可用作钻石代用品。

11 针铁矿 (Goethite)

图7-15 针铁矿

[化学成分] 化学式为FeO(OH)。针铁矿的成分不纯，水的含量变化大。针铁矿和纤铁矿的混合物称为褐铁矿。

[晶系与形态] 晶体属斜方晶系。针铁矿的晶体呈针状或柱状，通常呈肾状、钟乳状集合体（图7-15）。褐铁矿呈块状、钟乳状、葡萄状、疏松多孔状或粉末状，也常呈结核状或黄铁矿晶形的假象出现（图7-16）。

[物理性质] 针铁矿表面呈暗褐色，条痕为褐色；半金属光泽；莫氏硬度为5.5，密度为4.4 g/cm^3。褐铁矿表面呈黄褐至褐黑色，条痕为黄褐色。

[成因] 针铁矿是由含铁矿物经过氧化和分解而形成的次生矿物。褐铁矿是氧化条件下极为普遍的次生物质，在硫化矿床氧化带中常构成红色的"铁帽"。

[用途] 它们是炼铁原料。

图7-16 褐铁矿

12 水锰矿 (Manganite)

[化学成分] 化学式为 $MnO(OH)$。

[晶系与形态] 晶体属单斜晶系。水锰矿的晶体呈柱状（图7-17），柱面具纵纹。在晶洞中，它常呈晶簇产出。在沉积锰矿床中，它多为隐晶质块体，或呈鲕状、钟乳状集合体。

[物理性质] 水锰矿表面呈褐黑色，条痕为褐色；半金属光泽；莫氏硬度为3.0～4.0，密度为4.2～4.3 g/cm³。

[成因与产地] 水锰矿形成于氧化条件不够充分的环境。在低温热液矿脉中，它常呈晶簇与重晶石、方解石共生。外生沉积作用形成的水锰矿，常呈块状或鲕状见于锰矿床中。在氧化带中，水锰矿不稳定，易氧化为软锰矿，后者常可保留水锰矿的假象。

图7-17 水锰矿

世界的著名产地有英国的康沃尔、美国的科罗拉多州等地。

[用途] 水锰矿是重要的锰矿石矿物。水锰矿在国民经济中具有十分重要的战略地位。在现代工业中，水锰矿及其化合物应用于国民经济的各个领域。其中钢铁工业是最重要的领域，用锰量占90%～95%，主要作为炼铁和炼钢过程中的脱氧剂和脱硫剂，以及用来制造合金。其余5%～10%的锰用于其他工业领域，如化学工业（制造各种含锰盐类）、轻工业（用于电池、火柴、印漆、制皂等）、建材工业（用于玻璃和陶瓷的着色剂和褪色剂）、国防工业、电子工业，以及环境保护和农牧业等。

13 水钴矿 (Heterogenite-2H)

[化学成分] 化学式为 $CoO(OH)$。水钴矿中常含铜、铁等成分。

[晶系与形态] 晶体属六方晶系。水钴矿常呈致密块状集合体产出（图7-18）。

[物理性质] 水钴矿表面通常呈黑色、钢灰色、红棕色，条痕为深棕色；金属光泽，不透明，解理完全，断口参差状，

图7-18 水钴矿

图7-19　三水铝石

贝壳状；莫氏硬度为3.0～4.0，密度为4.3 g/cm³。

　　[成因与产地] 水钴矿广泛存在于超基性岩的风化产物中。

　　世界的主要产地有澳大利亚、智利、玻利维亚、南部非洲。我国的产地在青海、云南等地。

　　[用途] 水钴矿可作为提炼钴和铜的原料。

14　有泥土臭味的矿物——三水铝石 (Gibbsite)

　　[化学成分] 化学式为$Al(OH)_3$。三水铝石中常含有铁、钙、镁、硅等。

　　[晶系与形态] 晶体属等轴晶系。三水铝石的晶体极细小，呈假六方片状，晶体聚集在一起呈结核状、豆状或土状集合体（图7-19）。

　　[物理性质] 三水铝石表面通常呈白色，或因杂质染色而呈淡红至红色，条痕为白色；玻璃光泽，解理面显珍珠光泽，透明至半透明，底面解理极完全；莫氏硬度为2.5～3.5，密度为2.4 g/cm³。三水铝石具有泥土臭味。

　　[成因] 三水铝石主要是长石等含铝矿物风化后产生的次生矿物，是红土型铝土矿的主要矿物成分。

　　[用途] 应用领域有金属和非金属两个方面。三水铝石是铝土矿的主要矿物成分，是生产金属铝的原料。非金属用途主要是用作耐火材料、研磨材料、化学制品及高铝水泥的原料。

15　尖晶石 (Spinel)

　　[化学成分] 化学式为$MgAl_2O_4$。尖晶石中常含有铁、锌、铬、锰等。

　　[晶系与形态] 晶体属等轴晶系。尖晶石的单晶体常呈八面体晶形（图7-20）。

　　[物理性质] 尖晶石表面通常呈红色、绿色、褐黑色；玻璃光泽，透明；莫氏硬度为8.0，密度为3.6 g/cm³。

(a)

(b)

图7-20　尖晶石

[成因] 尖晶石可由接触变质作用形成，也可由基性、超基性岩浆结晶或从上地幔捕虏形成。

　　[用途] 尖晶石中，色泽艳丽者可作为宝石。

16 司南——磁铁矿 (Magnetite)

图7-22　磁铁矿晶体

图7-21　磁铁矿

　　[化学成分] 化学式为Fe_3O_4。

　　[晶系与形态] 晶体属等轴晶系。磁铁矿的单晶形呈八面体或菱形十二面体（图7-21，22）；呈菱形十二面体时，菱形面上常有平行该晶面长对角线方向的条纹。磁铁矿的集合体呈致密块状或粒状。

　　[物理性质] 磁铁矿表面呈铁黑色，条痕为黑色；半金属光泽，不透明，无解理；莫氏硬度为5.5～6.0，密度为4.8～5.3 g/cm³。磁铁矿具强磁性。

　　[成因与产地] 磁铁矿有多种成因。岩浆成因矿床，以瑞典基鲁纳为典型。与火山作用有关的矿浆直接形成的矿床，以智利拉克铁矿为典型。接触变质形成的铁矿，以中国大冶铁矿为典型。含铁沉积岩层经区域变质作用形成的铁矿，品位低，规模大，在俄罗斯、北美、巴西、澳大利亚和中国辽宁鞍山等地都有大量产出。

　　[用途] 磁铁矿是炼铁的主要矿物原料。中国古代的指南针——"司南"，就是利用磁铁矿的强磁性制成的。

17 锌铁尖晶石（Franklinite）

图7–23 锌铁尖晶石

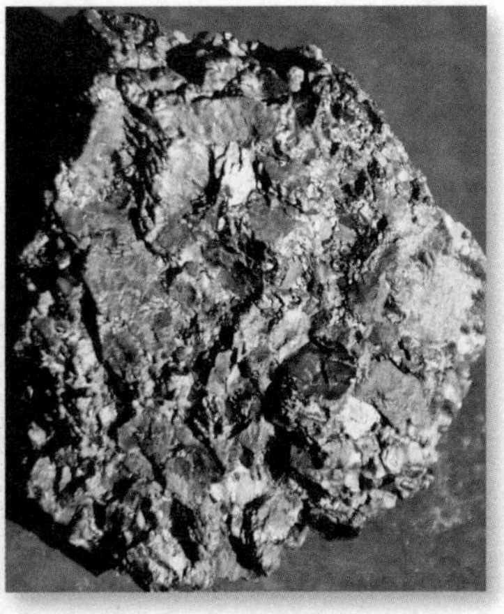

[化学成分] 化学式为$ZnFe_2O_4$。锌铁尖晶石中含锌、铁、锰等。

[晶系与形态] 晶体属等轴晶系。锌铁尖晶石的晶体呈八面体，其棱线常带圆形，集合体常呈圆粒状（图7–23）。

[物理性质] 锌铁尖晶石表面呈黑色、棕黑色，条痕为红棕色至黑色；亚金属光泽，不透明，无解理，贝壳状断口；莫氏硬度为5.5 ~ 6.5，密度为5.1 ~ 5.2 g/cm^3。锌铁尖晶石微具磁性。

[成因与产地] 锌铁尖晶石产出于某些接触交代矿床中，与红锌矿、硅锌矿等共生。

世界的主要产地是美国的新泽西州。

[用途] 锌铁尖晶石中，色泽艳丽者可作为宝石。

18 铬铁矿（Chromite）

[化学成分] 化学式为$FeCr_2O_4$。铬铁矿中可含镁、锌、铝、锰等。

[晶系与形态] 晶体属等轴晶系。铬铁矿的单晶形呈六八面体，常呈块状、豆状和肾状集合体产出（图7–24）。

[物理性质] 铬铁矿表面呈黑色，条痕为深棕色；金属光泽，不透明；莫氏硬度为5.5 ~ 6.5，密度为4.3 ~ 4.8 g/cm^3。它的外表看来很像磁铁矿，不同之处是它的磁性很弱。

[成因与产地] 铬铁矿是岩浆作用的矿物，常产于超基性岩中，与橄榄石共生，同时也产出于砂矿中。

世界上铬铁矿的产地主要为巴西和古巴，生产国则主要是印度、伊朗、巴基斯坦、阿曼、津巴布韦、土耳其和南非，生产量约占世界产量的80%，其中南非一国的产量便占40%。在我国，主要产于四川、西藏、甘肃、青海等地。

[用途] 铬铁矿是炼铬、铁的主要矿物原料。铬用于

知识链接

人体内的微量元素——铬

铬是一种人体必需的微量元素，像碘、锌、铁一样，它在维持人体健康方面起着关键作用。三价铬是对人体有益的元素，而六价铬都是有毒的。三价铬能协助或增强胰岛素的功能，若体内活性铬不足时，胰岛素生物效能将降低。六价铬化合物在高浓度时，具有明显的局部刺激作用和腐蚀作用，低浓度时为常见的致敏物质。

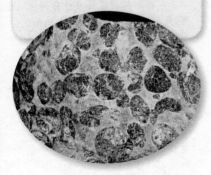

图7–24 铬铁矿

制造不锈钢、汽车零件、工具、磁带和录像带等。铬镀在金属上，可以防锈，坚固美观。红、绿宝石的色彩也来自于铬。

19 名贵宝石——金绿宝石 (Chrysoberyl)

[化学成分] 化学式为 $BeAl_2O_4$。金绿宝石中常含微量铁、钛、铬。

[晶系与形态] 晶体属斜方晶系。金绿宝石的晶体常呈短柱状、板状，经常形成心形双晶，或假六方贯穿三连晶（图7-25）。

[物理性质] 金绿宝石表面可呈棕黄、绿黄、黄绿、黄褐色；透明至不透明，玻璃至油脂光泽，良好的柱面解理，贝壳状断口，莫氏硬度为8.5，密度为3.6～3.8 g/cm³。绿黄色的金绿宝石在短波紫外光下，产生绿黄色荧光。金绿宝石常含有羽毛状或丝绢状包裹体，因而具有猫眼效应，这样的变种又称猫眼石。具有变色效应的金绿宝石含铬变种，称为亚历山大石，又称变石（图7-26）。它在阳光下呈绿色，在白炽灯或烛光下呈红色。

[成因与产地] 金绿宝石主要产于花岗伟晶岩、细晶岩和云母片岩中，也作为碎屑矿物见于砂砾层中。

世界上最主要的金绿宝石产地是巴西的米纳斯吉拉斯，俄罗斯的乌拉尔和斯里兰卡分别是变石和金绿猫眼石的著名产地。

[用途] 金绿宝石的透明晶体，硬度大，是名贵宝石。

图7-25 金绿宝石

图7-26 亚力山大石（变石）

20 褐钇铌矿 (Fergusonite-(Y))

[化学成分] 化学式为 $YNbO_4$。褐钇铌矿中常含铈、铀、钍、钛或钽等。

[晶系与形态] 晶体属四方晶系。褐钇铌矿的晶体呈短柱状，通常为块状或粒状集合体（图7-27）。

[物理性质] 褐钇铌矿表面呈黄褐色到黑褐色，条痕为

图7-27 褐钇铌矿

棕色；半金属光泽，贝壳状断口；莫氏硬度为5.5～6.0，密度为4.3～5.8 g/cm^3。

[成因] 褐钇铌矿主要产于花岗岩或花岗伟晶岩中，也见于砂矿中；亦可产于与基性岩有关的矿床中，与磷钇矿、独居石、锆石、石英或黑云母等共生。

[用途] 褐钇铌矿是提取稀土元素和铌的矿物原料。

21 烧绿石 (Pyrochlore)

[化学成分] 烧绿石是烧绿石超族和烧绿石族矿物的总称。非特定的情况下是指未区分矿物种的烧绿石族矿物，化学式表达为$A_2Nb_2(O,OH)_6Z$，A = Na,Ca,Sn,Sr,Pb,Sb,Y,U,H_2O or □(空位)，Z = OH,F,O,H_2O or □。烧绿石中常含钽、稀土元素、铀等。

[晶系与形态] 晶体属等轴晶系。烧绿石的晶体呈八面体，多呈不规则的粒状或致密块状集合体（图7-28）。

图7-28 烧绿石

[物理性质] 烧绿石表面呈褐色或黄绿色，也有少数为黑色，条痕为淡褐或淡黄色；树脂光泽，贝壳状断口；莫氏硬度为5.0～5.5，密度为4.1～4.4 g/cm^3。随铀含量增高，其放射性增强。

[成因] 烧绿石产于基性岩、伟晶岩或碳酸岩中，往往与锆石、磷灰石、钙钛矿等共生。

[用途] 烧绿石是提取稀土元素和铌的重要矿物原料。

22 细晶石 (Microlite)

[化学成分] 细晶石是细晶石族矿物的总称，化学式表达为$A_2Ta_2(O,OH)_6Z$，A = Na,Ca,Sn,Sr,Pb,Sb,Y,U,H_2O or □，Z = OH,F,O,H_2O or □。细晶石中常含有铌、钛、稀土元素、铀、钍等。

[晶系与形态] 晶体属等轴晶系。细晶石的晶体呈八面体、菱形、十二面体、四角三八面体外形（图7-29）。

[物理性质] 细晶石表面呈黄色至褐色，条痕为淡褐至黄色；透明，树脂光泽，中等平行解理，贝壳状断口，莫氏硬度为 5.0 ~ 6.0，密度为 6.4 g/cm³。含铀、钍时，细晶石有放射性。

[成因与产地] 细晶石常见于花岗伟晶岩的钠长石化部位。

世界的著名产地有瑞典的于特岛、美国的加利福尼亚州、我国的新疆阿尔泰地区等。

[用途] 细晶石是提取钽的矿物原料。

图 7-29 细晶石

23 抗酸金属矿物——钽铁矿 (Tantalite-(Fe))

[化学成分] 化学式为 $FeTa_2O_6$。钽铁矿中含铌、锰等。

[晶系与形态] 晶体属斜方晶系。钽铁矿的晶体呈板状或短柱状（图 7-30）。

[物理性质] 钽铁矿表面呈铁黑色或褐黑色；半金属光泽，具清晰的板状解理，性脆；莫氏硬度为 6.0 ~ 6.5，密度为 6.2 ~ 8.2 g/cm³。钽铁矿有弱磁性。钽铁矿不溶于盐酸、硝酸和硫酸，可溶于氟氢酸和磷酸中。

[成因] 钽铁矿产于花岗岩或花岗伟晶岩中，以及与之有关的风化矿床和砂矿床中。

[用途] 钽铁矿是提取钽和铌的重要矿物原料。

图 7-30 钽铁矿

24 超导材料矿物——铌铁矿 (Columbite-(Fe))

[化学成分] 化学式为 $FeNb_2O_6$。铌铁矿中含锰、钽等。

[晶系与形态] 晶体属斜方晶系。铌铁矿的晶体呈板状或短柱状，集合体呈块状（图 7-31）。

[物理性质] 铌铁矿表面呈褐黑至黑色；半金属光泽，具清晰的板状解理；莫氏硬度为 6.0，密度为 5.0 g/cm³。随着钽含量增高，其硬度和密度增大。

图 7-31 铌铁矿

[成因与产地] 铌铁矿产于花岗岩和花岗伟晶岩中，常与绿柱石、电气石等共生，也见于有关风化矿床和砂矿中。

世界的主要产地有挪威的阿纳罗德、德国的巴伐利亚、格陵兰、美国的黑山和斯坦迪什、巴西的米纳斯吉拉斯。我国广西的栗木锡矿也是大型铌铁矿床，新疆的阿尔泰曾有数吨重的铌铁矿晶体产出。

[用途] 铌铁矿是提取铌的主要矿物原料。

25 铈易解石 (Aeschynite-(Ce))

[化学成分] 化学式为 $(Ce,Ca)(Ti,Nb)_2(O,OH)_6$。铈易解石中常含钙、镁、铁、铀、钍、钽等杂质。

[晶系与形态] 晶体属斜方晶系。铈易解石的晶形多呈柱状、长柱状、薄板状及针状，集合体呈放射状或块状（图7-32）。铈易解石的晶面上有纵纹，表面粗糙不平。

[物理性质] 铈易解石表面呈黑色、黑褐色、黄色、浅棕色、红褐色、紫红色，条痕为黑褐色、黄色、红褐色；金刚光泽或油脂光泽，不透明至半透明，具清晰的板状解理，贝壳状断口，性脆；莫氏硬度为5.0 ~ 6.0，密度为5.0 ~ 5.4 g/cm³。铈易解石具弱电磁性和放射性。

[成因与产地] 铈易解石产于花岗岩、花岗伟晶岩、霞石正长岩、云霞正长岩及碳酸岩等岩石中及有关的热液脉中。在花岗岩及花岗伟晶岩中，它常与锆石、钛石、磷钇矿、褐帘石、磷灰石、电气石、萤石、黄玉等共生。

世界的主要产地有俄罗斯的车里雅宾斯克。我国的产地有内蒙古的白云鄂博、广西的姑婆山、江西的寻乌及四川的冕宁牦牛坪等。

[用途] 铈易解石是提炼铈、钇、铀、钍、铌、钽等的矿物原料。

图7-32 铈易解石

第八章

卤化物和有机矿物

卤化物为金属元素与氟、氯、溴、碘的化合物。其中，氯化物在自然界分布最广，其次为氟化物，溴化物和碘化物极少见。目前，自然界发现的卤化物有100多种。多数矿物呈等轴状，部分呈板状或柱状。具离子键的矿物表现为浅色、透明度好、玻璃光泽为主、硬度低、密度小、导电性弱、易溶于水等特点。具共价键的矿物透明度低、光泽强、密度大。卤化物矿物由热液作用和外生作用形成，部分产于氧化带或与火山作用有关。

有机矿物是指古代的有机质深埋于地下而矿化形成的物质，包括碳氢化合物和有机酸盐，如琥珀、草酸钙石等，具有易熔、可燃等特性。已知的有机矿物仅有数十种。

1 食品调料——石盐 (Halite)

[化学成分] 石盐又称岩盐，化学式为NaCl。

[晶系与形态] 晶体属等轴晶系。石盐的单晶体呈立方体，在立方体晶面上常有阶梯状凹陷，集合体常呈粒状或块状（图8-1）。

[物理性质] 纯净的石盐无色透明，含杂质时呈浅灰、黄、红、黑等色；玻璃光泽，三组立方体解理完全；莫氏硬度为2.5，密度为2.2 g/cm³。石盐易溶于水，味咸。

[成因与产地] 石盐是典型的化学沉积成因矿物。在盐湖或潟湖中，石盐与钾石盐和石膏共生。

世界的著名产地有美国东北部的萨莱纳盆地和中部的二叠纪盆地，墨西哥湾沿海地区，中亚费尔干纳盆地、德国的萨克森-安哈尔特等地。我国石盐储量丰富，分布很广，以柴达木盆地最为著名，四川、湖北、江西、江苏也都有大规模的石盐矿床。

[用途] 石盐可作为食品调料和防腐剂，是重要的化工原料。

图8-1 石盐

2 钾石盐 (Sylvite)

[化学成分] 化学式为KCl。

[晶系与形态] 晶体属等轴晶系。钾石盐的单晶体呈六面体，集合体常呈粒状或块状（图8-2）。

[物理性质] 纯净的钾石盐无色透明，含杂质时呈浅灰色、浅蓝色、红色等；玻璃光泽，三组立方体解理完全；莫氏硬度为2.0，密度为2.0 g/cm³。钾石盐易溶于水。

钾石盐和石盐性质极相似，但钾盐味苦咸且涩，火焰为紫色，而石盐味咸，火焰为黄色。

[成因与产地] 钾石盐常与石膏等一起产于含盐的沉积岩层和现代沉积盆地中。

世界的著名产地有俄罗斯的乌拉尔、白俄罗斯、加拿大的萨斯喀彻温省、德国的马格德堡和汉诺威、美国新墨西哥州的特拉华盆地等。青海的察尔汗盐湖是我国

图8-2 钾石盐

储量最大的钾石盐产地。

[用途] 钾石盐的绝大部分用于制造钾肥，部分用于提取钾和制造钾的化合物。

3 萤石（Fluorite）

[化学成分] 化学式为CaF_2。

[晶系与形态] 晶体属等轴晶系。萤石的晶体常呈立方体（图8−3，4）、八面体或立方体的穿插双晶，集合体呈粒状或块状（图8−5）。

[物理性质] 萤石可呈浅绿色、浅紫色，或无色透明，有时为玫瑰红色，条痕为白色；玻璃光泽，透明至不透明，八面体解理完全；莫氏硬度为4.0，密度为3.2 g/cm^3。在紫外线、阴极射线照射或加热时，萤石发蓝色或紫色荧光，并因此而得名。

[成因与产地] 萤石主要产于热液矿脉中。无色透明的萤石晶体产于花岗伟晶岩或萤石脉的晶洞中。

我国是世界上萤石矿产最多的国家之一，主要产于浙江、湖南、福建等地。世界上其他的主要产地有南非、墨西哥、蒙古、俄罗斯、美国、泰国、西班牙等。

[用途] 萤石在冶金工业上可用作助熔剂，在化学工业上是制造氢氟酸的原料。

知识链接

辨别真假夜明珠

一位外国朋友在市场上买到一颗天然的萤石夜明珠。出于好奇，他把它从中间锯开，发现在萤石的外表面有一层荧光涂料，方知上当。萤石的发光是由于其化学成分中的钙被稀土离子所替换，稀土元素作为发光的激活剂，使得萤石有发光性。但不是所有的萤石都有发光性。

图8−3 萤石

图8−4 黄萤石

(a)

(b)

图8−5 绿萤石

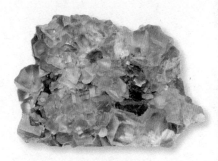

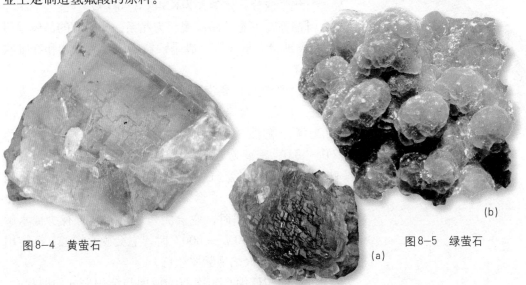

4 氯铜矿 (Atacamite)

图8-6 氯铜矿

[化学成分] 化学式为$Cu_2(OH)_3Cl$。氯铜矿含微量钴、钙。

[晶系与形态] 晶体属斜方晶系。氯铜矿的晶面具垂直条纹，晶体呈柱状、板状，具纤维状、放射状、粒状、块状、皮壳状等集合体（图8-6）。

[物理性质] 氯铜矿的颜色有美绿色、翠绿色或黑绿色，条痕为苹果绿色；玻璃至金刚光泽，透明至半透明，解理完全，贝壳状断口，性脆；莫氏硬度为3.0～3.5，密度为3.8 g/cm³。以火烧之，火焰呈天蓝色。

[成因与产地] 氯铜矿作为次生矿物，与孔雀石、蓝铜矿和石英伴生于铜矿床的氧化带中。氯铜矿也形成于火山口周围。

氯铜矿最早发现于智利的阿塔卡马，在美国、秘鲁、英国、俄罗斯等地也有发现。

[用途] 氯铜矿可作为炼铜的矿物原料。其绿色纤维状、放射状晶体，色泽鲜艳，具有观赏性。

5 光卤石 (Carnallite)

[化学成分] 化学式为$KMgCl_3 \cdot 6H_2O$。

[晶系与形态] 晶体属斜方晶系。光卤石的晶体呈假六方双锥状，集合体一般呈颗粒状、致密块状和纤维状（图8-7）。

[物理性质] 光卤石中纯净者为无色至白色，或呈黄色、蓝色，含杂质时呈粉红色；透明至不透明，油脂光泽，脆性，无解理，贝壳状断口；莫氏硬度为2.0～3.0，密度为1.6 g/cm³。光卤石具强荧光性，具苦味和咸味。它在空气中极易潮解，易溶于水。加热到110℃～120℃时，它会分解为氯化镁四水合物和氯化钾；加热到176℃时，它会完全脱水，同时有少量水解现象；加热到750℃～800℃时，它会脱水熔融，沉淀出氧化镁。它的火焰呈紫罗兰色。

[成因与产地] 光卤石的成因与沉积岩（如泥灰岩、

图8-7 光卤石

黏土岩、白云岩）相关，形成于石膏、硬石膏、石盐（岩盐）和钾石盐连续沉积的蒸发岩地层中，是含镁、钾盐湖中蒸发作用的最后产物，常与石盐、钾石盐共生。

世界的重要产地为德国的施塔斯福特和俄罗斯的索利卡姆斯克。我国的柴达木盆地盐层和云南的钾石盐矿床中均蕴藏有丰富的光卤石。

[用途] 光卤石是制造钾肥和提取金属镁的矿物原料。它主要用于提炼金属镁的精炼剂、生产铝镁合金的保护剂，也用作铝镁合金的焊接剂、金属的助熔剂。

镁是航空工业的重要材料，镁合金用于制造飞机机身、发动机零件等。镁还用来制造照相和光学仪器等。镁作为一种强还原剂，还用于钛、锆、铍、铀和铪等的生产中。

⑥ 冰晶石 (Cryolite)

[化学成分] 化学式为 Na_3AlF_6。冰晶石有时含极微量的钙、铁、锰及有机质等。

[晶系与形态] 晶体属单斜晶系。冰晶石的晶形外观类似立方体，通常呈致密块状（图8-8），有时呈片状或粒状。

[物理性质] 冰晶石表面呈无色、白色，有时呈浅灰、浅棕、浅红或砖红色，条痕为白色；玻璃光泽至油脂光泽，透明至半透明，无解理，参差状断口，性脆；莫氏硬度为2.0～3.0，密度为3.0 g/cm³。

图8-8　冰晶石

[成因与产地] 冰晶石主要产于侵入于片麻岩的花岗岩及伟晶岩脉中。

世界的主要产地是格陵兰西海岸，西班牙、俄罗斯和美国也有产出。

[用途] 熔融的冰晶石能溶解氧化铝，在电解铝工业上用作助熔剂，还可用于制造乳白色玻璃和搪瓷的遮光剂，以及作为橡胶和砂轮的耐磨填充剂、农作物的杀虫剂等。

7 铝氯石膏 (Creedite)

[化学成分] 化学式为$Ca_3Al_2(SO_4)(OH)_2F_8 \cdot 2H_2O$。

[晶系与形态] 晶体属单斜晶系。铝氯石膏晶体呈斜柱状或针状，集合体呈放射状（图8-9）。

[物理性质] 铝氯石膏表面无色至白色，或呈紫色、橘黄色，条痕为白色；透明至半透明，玻璃光泽，贝壳状断口；莫氏硬度为3.5 ~ 4.0，密度为2.7 g/cm³。

[成因与产地] 铝氯石膏产于热液沉积的氧化带中。

世界的主要产地有美国、墨西哥、玻利维亚、哈萨克斯坦等。

[**用途**] 色泽鲜艳且透明度较好的铝氯石膏，可用作观赏石。

图8-9 铝氯石膏

8 天然植物树脂——琥珀 (Amber)

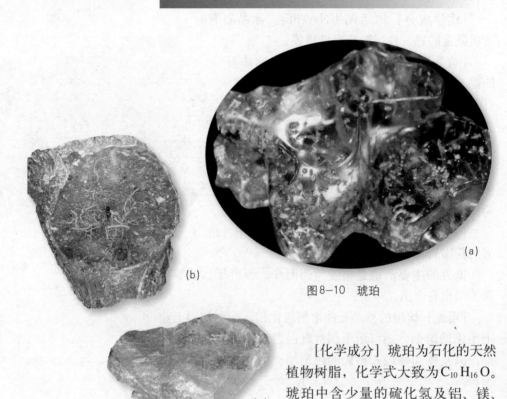

(a)

(b)

(c)

图8-10 琥珀

[化学成分] 琥珀为石化的天然植物树脂，化学式大致为$C_{10}H_{16}O$。琥珀中含少量的硫化氢及铝、镁、钙、硅等微量元素。

[晶系与形态] 琥珀为非晶质体，形状多种多样，常以结核状、瘤状、小滴状等产出。其表面常保留着当初树脂流动时产生的纹路，内部经常可见气泡及古老昆虫或植物残留（图8-10）。

[物理性质] 琥珀的颜色有黄色、棕黄色及红黄色，条痕为白色或淡黄色；树脂光泽，透明至不透明，无解理，贝壳状断口，性极脆；莫氏硬度为2.0～2.5，密度为1.1 g/cm³，在饱和食盐溶液中会上浮。琥珀摩擦带电，加热软化，近火有松香味，易溶于硫酸和热硝酸中。

[成因与产地] 琥珀主要分布于白垩纪或第三纪的砂砾岩、煤层的沉积物中。

世界上，波罗的海沿岸国家出产的琥珀最为著名（如波兰、俄罗斯、立陶宛等）。我国的主要产地有辽宁、河南、云南、福建、西藏等，以辽宁抚顺和河南南阳最为著名。

[用途] 琥珀自古以来是欧洲贵族佩戴的传统饰品，代表着高贵、古典、含蓄的美丽。

第九章

碳酸盐矿物

　　碳酸盐矿物为金属阳离子与碳酸根的化合物。碳酸盐矿物分布广泛，占地壳总质量的1.7%。目前发现的碳酸盐矿物有100多种。碳酸盐矿物多呈柱状、菱面体和板状晶体，无色、白色或彩色，玻璃光泽为主，一般硬度、密度都不大，三组菱形解理发育完全。某些碱金属碳酸盐矿物溶于水。碳酸盐矿物多数由沉积作用和热液作用形成，部分产于氧化带，岩浆岩和变质岩中也有产出。

① 天然碱（Trona）

[化学成分] 化学式为 $Na_3(CO_3)(HCO_3) \cdot 2H_2O$。

[晶系与形态] 晶体属单斜晶系。天然碱的晶体常呈板状或柱状，集合体多呈粒状、板状及纤维状晶簇等（图9-1）。

[物理性质] 天然碱通常为无色、白色和黄灰色，条痕为白色；透明，玻璃光泽，解理不完全，亚贝壳状断口，性脆；莫氏硬度为2.5，密度为$2.1 \sim 2.2 \ g/cm^3$。天然碱可溶解于水。

[成因与产地] 天然的矿物碱主要来自碱湖和固体碱矿。它们是最主要的天然碱资源。

我国已发现天然碱矿产地152处，储量近4亿吨，以内蒙古的碱湖最多，西藏高原是现代盐碱湖的集中地；地处中原的南襄盆地是我国古代天然碱的重要产地。

[**用途**] 天然碱主要用于日常生活制作食品和洗涤常用碱。在工业生产中，碱是重要的基本化工原料。在没有人工合成碱之前，人类使用的都是取自天然的植物碱或矿物碱。

图9-1 天然碱

② 水泥原料——方解石（Calcite）

[化学成分] 化学式为 $CaCO_3$。方解石中可含有铁、锰、钴等元素，可形成不同成分变种。

[晶系与形态] 晶体属三方晶系。方解石的晶体常为复三方偏三角面体或菱面体与六面体的聚形，集合体多呈粒状、块状、钟乳状、鲕状、纤维状及晶簇状等（图9-2）。

(a)

(b)

(c)

图9-2 方解石

图9–3 锰方解石

(a) (b)

图9–6 金田黄

[物理性质] 方解石通常为无色、乳白色，含杂质时则染成各种颜色（图9–3，4），有时具晕色；玻璃光泽，三组菱面体解理完全，故名方解石，性脆；莫氏硬度为3.0，密度为2.6 ~ 2.9 g/cm^3。方解石遇冷稀盐酸时剧烈起泡，释放出CO_2。

[成因] 方解石是分布最广的矿物之一，是组成石灰岩和大理岩的主要成分。在石灰岩地区，溶解在溶液中的重碳酸钙在适宜的条件下沉淀出方解石，形成千姿百态的钟乳石、石笋、石幔、石柱等自然景观。

[用途] 方解石在冶金工业上用作熔剂，在建筑工业上用来生产水泥、石灰。无色透明的方解石晶体称为冰洲石（图9–5）。冰洲石是制作偏光棱镜的高级材料。

图9–5 冰洲石

(a) (b) (c)

图9–4 钴方解石

知识链接

极具收藏价值的玉石 ——金田黄

金田黄（图9–6）的主要矿物成分是方解石，含有较多的锰、铁和钒等元素，呈细粒隐晶质结构。金田黄产自印度尼西亚爪哇岛，颜色艳丽，有红色、橙色或黄色等，不同色调与方解石中含锰、铁和钒元素有关。

福建寿山田黄石主要由地开石组成。它与金田黄的主要矿物成分不同。

治病的石头——砭石

砭石，即能治病的石头，最早出现在《黄帝内经》中。砭石中，以泗滨砭石疗效为最佳。目前市场上出现的砭石主要有黑色和红色两种。泗滨黑色砭石的主要矿物组成为纳米晶方解石，约占体积含量的96%，其次有微米晶黄铁矿、锐钛矿和石墨，它们都以1 ~ 3微米大小的单个颗粒分散在方解石晶粒间。此外，砭石中还含有极多的均匀分散状的纳米晶石墨。相对于黑色砭石，红色砭石较少。红色砭石的矿物组成主要为白云石（98.1%），同时含有少量石英（1.5%）和方解石（0.4%），以及微量云母、正长石和赤铁矿。矿物粒径大多集中在1 ~ 5微米。红色砭石的颜色可能与赤铁矿和正长石微晶在砭石中的均匀分布有关。

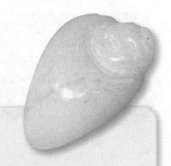

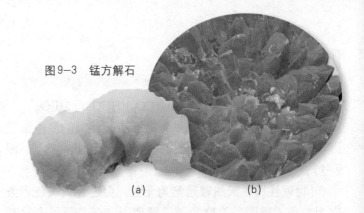

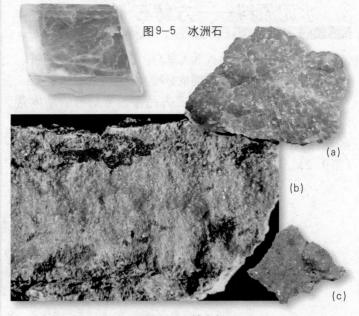

3 菱镁矿 (Magnesite)

[化学成分] 化学式为$MgCO_3$。菱镁矿中常含有铁、锰。

[晶系与形态] 晶体属三方晶系。菱镁矿的晶体少见，常呈显晶质粒状或隐晶质致密块体（图9-7）。

[物理性质] 菱镁矿的颜色为白色或灰白色，含铁的呈黄至褐色，条痕为白色；透明到半透明，玻璃光泽，三组菱面体解理完全，瓷状菱镁矿具贝壳状断口；莫氏硬度为3.5 ~ 4.5，密度为2.9 ~ 3.1 g/cm³。菱镁矿溶于温盐酸中并起泡。

[成因与产地] 菱镁矿矿床类型以沉积变质－热液交代型为主。

我国是世界上菱镁矿资源最为丰富的国家。

[用途] 菱镁矿是提取镁与镁的化合物等的矿物原料，还可用作耐火材料和制取镁的化合物。

图9-7 菱镁矿

4 菱铁矿 (Siderite)

[化学成分] 化学式为$FeCO_3$。菱铁矿中常含有锰、镁。

[晶系与形态] 晶体属三方晶系。菱铁矿的晶体呈菱面体，晶面往往弯曲（图9-8），集合体呈粒状、块状或结核状。显晶质球粒状的，称为球菱铁矿；隐晶质凝胶状的，称为胶菱铁矿。

[物理性质] 菱铁矿的颜色为白色或黄白色，风化后可变成褐色或褐黑色，条痕为白色；透明至半透明，玻璃、珍珠或丝绢光泽，三组菱面体解理完全；莫氏硬度为4.0，密度为3.7 ~ 4.0 g/cm³。菱铁矿加热后具有磁性。它能在冷盐酸中缓慢溶解，当酸液加热时发泡。

图9-8 菱铁矿

[成因与产地] 热液成因的菱铁矿常见于金属矿脉中。沉积成因的菱铁矿常见于页岩层、黏土层和煤层中。在氧化带易水解成褐铁矿，形成铁帽。

我国贵州、陕西等地分布有一定规模的菱铁矿矿床。

[用途] 菱铁矿是提取铁和制造铁合金、生铁、熟铁、纯铁等的矿物原料。

5 玫瑰红——菱锰矿
(Rhodochrosite)

[化学成分] 化学式为 $MnCO_3$。菱锰矿中常含有铁、钙、锌等元素。

[晶系与形态] 晶体属三方晶系。菱锰矿完整的菱面体晶形少见，通常呈粒状、块状、肾状等集合体（图9-9）。

[物理性质] 菱锰矿的颜色呈淡玫瑰红色，氧化后表面呈褐黑色，条痕为白色；透明至半透明，玻璃光泽，三组菱面体解理完全，参差状断口；莫氏硬度为 $3.5 \sim 4.5$，密度为$3.6 \sim 3.7$ g/cm³。菱锰矿溶于温盐酸并起泡。

[成因与产地] 菱锰矿在热液、沉积和变质作用条件下均能形成，以沉积作用为主。

我国贵州、湖南和东北等地的锰矿床中有大量菱锰矿产出。

[用途] 菱锰矿是提取锰和制造锰合金、锰化合物等的矿物原料。色泽艳丽、透明的菱锰矿可制作成低档饰品。晶粒大、透明、色美者可作宝石。颗粒细小、半透明的菱锰矿集合体可作玉雕材料。

(a)

(b)

图9-9 菱锰矿

(c)

(d)

6 菱锌矿 (Smithsonite)

[化学成分] 化学式为 $ZnCO_3$。菱锌矿中常含有少量的镁、钙、镉、铜、铅等元素。

[晶系与形态] 晶体属三方晶系。菱锌矿完整的菱面体晶形少见，常有弯曲晶面，通常呈块状、葡萄状、粒

状、钟乳状、肾状等集合体（图9–10）。

[物理性质] 菱锌矿的颜色有白、灰、黄、蓝、绿、粉红及褐色等多种，条痕为白色；透明至半透明，玻璃或珍珠光泽，具不完全的菱面体解理，参差状至贝壳状断口；莫氏硬度为4.0～4.5，密度为3.6～3.7 g/cm^3。菱锌矿溶于盐酸，并会产生气泡。

[成因与产地] 菱锌矿产于铅锌矿床氧化带，是由闪锌矿氧化分解所产生的硫酸锌交代碳酸盐围岩或原生矿石中的方解石而成，属于氧化带次生矿物。

世界的著名产地有意大利的撒丁岛、墨西哥的北部、希腊的劳里厄姆。

[用途] 菱锌矿是提取锌和制造锌化合物、锌合金等的矿物原料。呈半透明之绿色或绿蓝色者，可用于制作半宝石饰品。

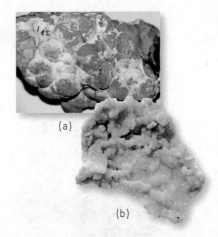

(a)

(b)

图9–10　菱锌矿

7　文石 (Aragonite)

[化学成分] 或称霰石，化学式为 $CaCO_3$。文石中常含有锰和铁等元素。

[晶系与形态] 晶体属斜方晶系。文石的晶体呈柱状（图9–11）或矛状，常见假六方对称的三连晶，集合体多呈皮壳状、鲕状、豆状、球粒状。

[物理性质] 文石通常呈白色、黄白色，条痕为无色；透明至半透明，玻璃光泽，断口为油脂光泽，具不完全的板面解理，贝壳状断口；莫氏硬度为3.5～4.5，密度为2.9～3.0 g/cm^3。文石溶于盐酸，并会产生气泡。

[成因与产地] 文石主要形成于外生作用条件下，产于近代海底沉积或黏土中，或石灰岩洞穴中；也可形成于内生作用条件下，产于温泉沉积及火山岩的裂隙和气孔中，是低温矿物；也有生物成因的，产于某些贝壳中。

世界的著名产地有美国的加利福尼亚州，我国浙江和河北等地。

[用途] 文石中品质较佳者，经加工打磨后呈现美丽的同心圆花纹，称为文石眼，可制成饰物、印材等。

图9–11　文石

⑧ 毒重石 (Witherite)

图9-12 毒重石

[化学成分] 化学式为 $BaCO_3$。毒重石中常含有钙和镁等元素。

[晶系与形态] 晶体属斜方晶系。毒重石的晶体通常形成假六方双锥面，锥面上常有深的平行条纹，形成凹角，集合体呈葡萄状、球状、柱状、粒状（图9-12）。

[物理性质] 毒重石通常呈白色、灰色，条痕为白色；透明至半透明，玻璃光泽，断口为油脂光泽，具不完全的板面解理，参差状断口，性脆；莫氏硬度为3.5，密度为4.3 g/cm^3。毒重石溶于盐酸，并产生气泡。毒重石具发光性。

[成因与产地] 毒重石常见于低温液矿脉，也可见外生成因的矿床。

我国在陕西省与重庆市交界处发现了一座大型毒重石矿床。

[用途] 毒重石具有密度大、硬度低、吸收 X 射线和 γ 射线等特性，广泛应用于油气钻探、化工、轻工、冶金、建材、医药等工业，特别是作为化工产品制造中的优质钡原料。

⑨ 菱锶矿 (Strontianite)

图9-13 菱锶矿

[化学成分] 化学式为 $SrCO_3$。菱锶矿中常含锰、钡和钙等元素。

[晶系与形态] 晶体属斜方晶系。菱锶矿的晶体呈玻璃状，集合体呈棱柱状、柱状、纤维状（图9-13）、块状、粒状等。

[物理性质] 菱锶矿呈无色、白色、灰色、浅黄色、浅棕色、浅绿色或浅红色，条痕为白色；透明至半透明，玻璃光泽至油脂光泽，三组菱面体解理完全，贝壳状断口；莫氏硬度为3.5 ~ 4.0，密度为3.6 ~ 3.8 g/cm^3。菱锶矿溶于温盐酸中，并发泡。

[成因与产地] 菱锶矿形成于热液矿脉及石灰岩和泥灰岩的空洞中；还与方铅矿、闪锌矿和黄铜矿伴生于含

硫化物的矿脉中；也与碳酸盐如方解石和白云石，以及石英伴生。

世界的著名产地有德国的威斯特伐利亚、西班牙、墨西哥、英国、美国的加利福尼亚等地。

[用途] 菱锶矿是提炼锶的主要矿物。锶可以用来制作红色的烟花和信号弹，也可用于制糖过程。

10 白铅矿 (Cerussite)

[化学成分] 化学式为 $PbCO_3$。白铅矿中可含有钙、锶和锌等元素。

[晶系与形态] 晶体属斜方晶系。白铅矿的晶体为板状或假六方双锥状，贯穿双晶常见，集合体多为致密块状、钟乳状或土状（图9-14）。

[物理性质] 白铅矿为白色或浅黄、褐等色，条痕为白色；透明至半透明，金刚光泽；莫氏硬度为 3.0 ~ 3.5，密度为 6.4 ~ 6.6 g/cm^3。白铅矿溶于酸，尤其是稀硝酸，并起泡。在紫外光下，白铅矿有时发荧光。

图9-14　白铅矿

[成因与产地] 白铅矿是方铅矿在地表经氧化后的次生矿物。

世界的著名产地有美国的宾夕法尼亚州、捷克的波希米亚、俄罗斯的西伯利亚、意大利的撒丁岛等。

[用途] 白铅矿与方铅矿一起，作为提取铅或制备各种铅化合物的矿物原料。

11 白云石 (Dolomite)

[化学成分] 化学式为 $CaMg(CO_3)_2$。白云石中可含有铁、锰、铅、锌等元素。

[晶系与形态] 晶体属三方晶系。白云石的晶形呈菱面体，晶面常弯曲成马鞍状，聚片双晶常见，多呈块状、粒状集合体（图9-15）。

[物理性质] 纯白云石为白色，含其他元素和杂质时呈灰绿、灰黄、粉红

(a)

(b)

图9-15　白云石

等色，条痕为白色；透明至半透明，玻璃光泽，三组菱面体解理完全，性脆；莫氏硬度为3.5～4.0，密度为2.8～2.9 g/cm³。白云石的矿物粉末在冷稀盐酸中反应缓慢。

[成因与产地] 白云石存在于结晶石灰岩及其他富含镁的变质岩中，部分产于热液矿脉和碳酸盐岩石的孔穴内，偶尔作为各种沉积岩的胶结物。

世界的主要产地在我国台湾东部、瑞士提罗尔南部、美国密苏里州等地。

[用途] 白云石可用作冶金熔剂、耐火材料、建筑材料，以及玻璃、陶瓷的配料。白云石也是提取镁和氧化镁等的矿物原料。

12 铁白云石 (Ankerite)

[化学成分] 化学式为 Ca(Fe,Mg,Mn)(CO₃)₂。

[晶系与形态] 晶体属三方晶系。铁白云石在形态上呈棱面体，与白云石相似，还可以呈块状和粗糙的颗粒状（图9-16）。

[物理性质] 铁白云石通常为浅黄色，还可以为无色、白色、灰色和浅褐色，条痕为白色；半透明，玻璃至珍珠光泽，三组菱面体解理完全，次贝壳状断口，性脆；莫氏硬度为3.5～4.0，密度为2.9～3.1 g/cm³。铁白云石大多具有荧光性。

[成因与产地] 铁白云石产于变质的铁质岩及条带状的铁沉积岩中，与菱铁矿共生，也产于碳酸岩中。在沉积岩中，铁白云石是自生成岩矿物，或是热液沉积产物。

世界的主要产地是纳米比亚、南非、奥地利、日本、加拿大、美国西部等。

[用途] 铁白云石较少用作铁的矿石原料，可作为矿物标本。

图9-16 铁白云石

13 稀土矿石——氟碳铈矿 (Bastnaesite-(Ce))

[化学成分] 化学式为 $(Ce,La,Nd)(CO_3)F$。氟碳铈矿可含钙、铀和其他稀土元素。

[晶系与形态] 晶体属六方晶系。氟碳铈矿的晶体呈板状，通常呈细粒状集合体（图9-17）。

[物理性质] 氟碳铈矿可呈黄色、棕色、黄褐色、红褐色；玻璃或油脂光泽；莫氏硬度为4.0～4.5，密度为4.7～5.1 g/cm^3。含铀时，氟碳铈矿具有弱放射性。它溶于稀盐酸和硫酸，在磷酸中迅速分解。

[成因与产地] 氟碳铈矿主要产于碱性岩、碱性伟晶岩及有关的热液矿床中。

我国内蒙古的白云鄂博是氟碳铈矿的重要产地。

[用途] 氟碳铈矿是提取稀土化合物及冶炼铈、镧等稀土元素的重要矿物原料。

图9-17 氟碳铈矿

14 氟碳钙铈矿 (Parisite-(Ce))

[化学成分] 化学式为 $Ce_2 Ca(CO_3)_3 F_2$。氟碳钙铈矿可含铀和其他稀土元素。

[晶系与形态] 晶体属三方晶系。氟碳钙铈矿的晶体呈腰鼓状，通常呈不规则粒状集合体（图9-18）。

[物理性质] 氟碳钙铈矿可呈黄色或褐色，条痕为淡黄色；玻璃至油脂光泽，解理平行底面 {0001} 中等，次贝壳状至锯齿状断口；莫氏硬度为4.5，密度为4.3～4.4 g/cm^3。

[成因与产地] 氟碳钙铈矿产于与碱性岩有关的热液矿床中，与方解石、萤石等共生。

我国内蒙古的白云鄂博是该矿的重要产地。

[用途] 氟碳钙铈矿是提取铈、镧等稀土元素的矿物原料。

图9-18 氟碳钙铈矿

15 天然颜料——蓝铜矿 (Azurite)

[化学成分] 化学式为 $Cu_3(CO_3)_2(OH)_2$。

[晶系与形态] 晶体属单斜晶系。蓝铜矿的晶体呈柱状或厚板状，集合体通常呈粒状、钟乳状、皮壳状（图9-19）或土状。

[物理性质] 蓝铜矿呈深蓝色，土状块体为浅蓝色，条痕为天蓝色；透明至半透明，玻璃光泽，解理完全，贝壳状断口；莫氏硬度为3.5~4.0，密度为3.7~3.9 g/cm³。

[成因] 蓝铜矿产于铜矿床氧化带中，是含铜硫化物氧化的次生产物，可用作寻找原生铜矿的标志。

[用途] 蓝铜矿可用于炼铜，质纯、色美者可作为装饰品及工艺品原料，粉末可作天蓝色颜料。

(a)

(b)

图9-19 蓝铜矿

16 翠绿色宝石——孔雀石 (Malachite)

[化学成分] 化学式为 $Cu_2(CO_3)(OH)_2$。

[晶系与形态] 晶体属单斜晶系。孔雀石的晶体为柱状、针状或纤维状，通常呈钟乳状（图9-20）、肾状、被膜状或土状集合体。

[物理性质] 孔雀石的颜色类似蓝孔雀羽毛的颜色，呈绿色、翠绿色，条痕为淡绿色；半透明至透明，晶面呈玻璃至金刚光泽，纤维状块体呈丝绢光泽，解理完全，亚贝壳状至参差状断口；莫氏硬度为3.5~4.0，密度为4.0~4.5 g/cm³。孔雀石遇盐酸起泡。

图9-20 孔雀石

[成因与产地] 孔雀石产于铜矿床氧化带中，是含铜硫化物氧化的次生产物，常与蓝铜矿、赤铜矿、褐铁矿等共生，可用作寻找原生铜矿的标志。

孔雀石盛产于俄罗斯的乌拉尔及我国海南岛的石碌等地。

[用途] 孔雀石可用于炼铜，质纯、色美者可作为装饰品及工艺品原料，粉末可作绿色颜料（称石绿）。

17　角铅矿 (Phosgenite)

[化学成分] 化学式为 $Pb_2CO_3Cl_2$。

[晶系与形态] 晶体属四方晶系。角铅矿的晶体为柱状、厚板状及粗大粒状等（图9-21）。

[物理性质] 角铅矿无色，或呈白色、淡黄色、粉红色、浅褐色、绿色，条痕为白色；透明至半透明，金刚光泽，解理不完全，贝壳状断口；莫氏硬度为3.0，密度为6.1 g/cm³。在紫外线下，角铅矿呈黄色的弱荧光。

[成因与产地] 角铅矿为铅矿床氧化带的次生矿物，常与白铅矿、铝矾矿共生。

主要产于意大利的撒丁岛、非洲的楚梅布，美国、英国、澳大利亚等地也有出产。

[用途] 角铅矿多作为收藏品。

图9-21　角铅矿

18　丝钠铝石 (Dawsonite)

[化学成分] 化学式为 $NaAl(CO_3)(OH)_2$。

[晶系与形态] 晶体属斜方晶系。丝钠铝石的晶体多为针状、放射状集合体（图9-22）。

[物理性质] 丝钠铝石无色或呈白色，条痕为白色；透明，玻璃或丝绢光泽，解理完全，不平坦断口；莫氏硬度为3.0，密度为2.4 g/cm³。

[成因] 丝钠铝石产于霞石正长岩，或碱性页岩和含煤岩中。

[用途] 丝钠铝石主要作为矿物标本。

图9-22　丝钠铝石

⑲ 锌华——水锌矿 (Hydrozincite)

图9-23 水锌矿

[化学成分] 化学式为$Zn_5(CO_3)_2(OH)_6$。

[晶系与形态] 晶体属单斜晶系。水锌矿很少形成晶体，若形成晶体则呈细条片状，通常呈致密块状、皮壳状或肾状集合体（图9-23）。

[物理性质] 水锌矿呈白色至淡黄色，条痕为白色；透明至半透明，珍珠至丝绢光泽，有时为土状光泽，解理完全，不平坦或参差状断口；莫氏硬度为2.0～2.5，密度为3.5～4.0 g/cm^3。水锌矿可溶解于酸中。

[成因] 水锌矿是闪锌矿的次生矿物。

[用途] 水锌矿主要用于炼锌及制造各种锌化合物。

⑳ 绿铜锌矿 (Aurichalcite)

图9-24 绿铜锌矿

[化学成分] 化学式为$(Zn,Cu)_5(CO_3)_2(OH)_6$。

[晶系与形态] 晶体属单斜晶系。绿铜锌矿形状似羽毛，晶体呈针状或细长板状，还以簇状集合体和皮壳状产出（图9-24）。

[物理性质] 绿铜锌矿呈浅绿色、绿蓝色、天蓝色、浅蓝色至无色，条痕为浅蓝色；透明至半透明，丝绢或珍珠光泽，解理完全，断口不平坦；莫氏硬度为2.0，密度为4.0 g/cm^3。

[成因与产地] 绿铜锌矿与孔雀石一起，产在锌和铜矿床的氧化带中。

世界的主要产地有美国的亚利桑那州、南达科他州、新墨西哥州、犹他州，纳米比亚的特森布，扎伊尔的杨格库班杂，以及法国、希腊、意大利、俄罗斯等地。

[用途] 绿铜锌矿是炼锌和铜的次要矿物原料。

第十章

硼酸盐矿物

　　硼酸盐为金属阳离子与硼酸根的化合物。目前，自然界已知的硼酸盐矿物有100多种。矿物形态多样，呈等轴状或板状等，白色、无色或浅色为主，透明度好，玻璃光泽，硬度较低，密度不大。含铁、镁者颜色深，透明度较低。多数矿物由沉积作用形成，部分为接触交代作用的产物。

1 硼镁铁矿（Ludwigite）

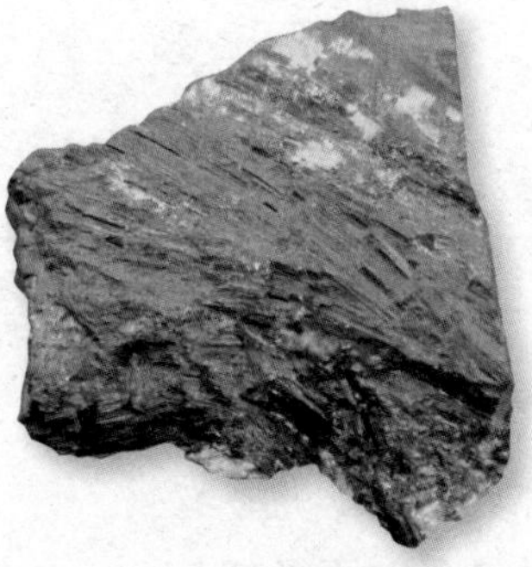
图 10–1　硼镁铁矿

［化学成分］化学式为 Mg_2FeBO_5。硼镁铁矿常含有锰、铁等元素。

［晶系与形态］晶体属斜方晶系。硼镁铁矿的晶体呈针状、长柱状、纤维状、毛发状，集合体通常呈放射状（图 10–1）。

［物理性质］硼镁铁矿呈暗绿色至黑色，随铁含量的增加颜色变深，条痕为绿黑色至黑色；光泽暗淡，纤维状集合体带丝绢光泽；莫氏硬度为 5.0，密度为 3.6 ~ 4.7 g/cm^3。硼镁铁矿具弱磁性。

［成因与产地］硼镁铁矿主要产于镁质矽卡岩中，常与磁铁矿、透辉石、金云母、镁橄榄石等共生。

世界的著名产地有美国的加利福尼亚州，还有土耳其等地。我国东北风城、宽甸、辑安、复县及河北涞源等地均有产出。

［用途］硼镁铁矿是提取硼的矿物原料。

2 硼铁矿（Vonsenite）

［化学成分］化学式为 $Fe^{2+}{}_2Fe^{3+}(BO_3)O_2$。硼铁矿中常含锰、镁等元素。

［晶系与形态］晶体属斜方晶系。硼铁矿的晶体呈针状、长柱状、纤维状，集合体通常呈放射状或粒状（图 10–2）。

［物理性质］硼铁矿的颜色呈暗绿色至黑色，条痕为黑色；不透明，金刚至金属光泽，纤维状集合体带丝绢光泽；莫氏硬度为 5.0，密度为 4.7 g/cm^3。

图 10–2　硼铁矿

> **知识链接**
>
> **用途广泛的硼**
>
> 硼的用途很广。硼在半导体工业中大量用作掺杂物，同时，硼的化合物在杀虫剂、防腐剂的制造中也有着重要地位。硼还是植物的必需营养元素。硼烷可以作为火箭的高能燃料。硼酸是有防腐性能的弱酸。硼化镁在一定程度的低温时会变成超导体。氮化硼可以作为工业上的固体润滑剂，被称为“白色石墨”。氮化硼的硬度仅次于钻石。

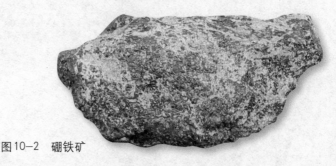

[成因与产地] 硼铁矿是产于接触变质矿床的高温矿物。

美国加利福尼亚州、土耳其、我国东北等地均有硼铁矿产出。

[用途] 硼铁矿是提取硼的矿物原料。

3　硼镁石 (Szaibelyite)

[化学成分] 化学式为 $MgBO_2(OH)$。硼镁石中常含锰、铁等元素。

[晶系与形态] 晶体属单斜晶系。硼镁石的晶形呈纤维状、柱状、板状，集合体呈纤维状或块状（图10-3）。

[物理性质] 硼镁石呈白色、灰白色、浅绿色、黄色，条痕为白色；玻璃光泽至土状光泽，透明至半透明，无解理；莫氏硬度为3.0～3.5，密度为2.6～2.7 g/cm^3。

[成因] 硼镁石主要产于矽卡岩型和热液交代型矿床中；外生矿床中亦有产出，系沉积硼矿物脱水而成。

[用途] 硼镁石是提取硼的矿物原料。

图10-3　硼镁石

4　硅硼钙石 (Howlite)

[化学成分] 化学式为 $Ca_2B_5SiO_9(OH)_5$。

[晶系与形态] 晶体属单斜晶系。硅硼钙石的晶体呈板状、块状或结核状（图10-4），结核状集合体常带有细小黑色脉网。

[物理性质] 硅硼钙石呈白色、浅绿色、浅黄色、粉色、紫色、褐色、灰色或无色，条痕为白色；透明至半透明，玻璃光泽，无解理，不平坦或贝壳状断口；莫氏硬度为3.5，密度为2.5～2.6 g/cm^3。

[成因] 硅硼钙石主要产于蒸发矿床中。

[用途] 硅硼钙石通常用来制作装饰物，如小雕刻或首饰部件。由于其多孔结构，可以很容易染色，而模仿其他矿物。特别是因为硅硼钙石外表具有相似的脉状图案，常被染成仿绿松石。

图10-4　硅硼钙石

⑤ 白硼钙石 (Priceite)

[化学成分] 化学式为 $Ca_2B_5O_7(OH)_5 \cdot H_2O$。

[晶系与形态] 晶体属单斜晶系。白硼钙石呈块状或结核状产出，有些块体还非常巨大（图10-5）。

[物理性质] 白硼钙石呈白色，条痕为白色；透明，土状光泽，解理完全，不平坦断口；莫氏硬度为3.0～3.5，密度为2.4 g/cm^3。

[成因] 白硼钙石常与石膏或黏土产于同一沉积环境。

[用途] 白硼钙石主要作为矿物研究与收藏。

图10-5　白硼钙石

⑥ 板硼石 (Inyoite)

[化学成分] 化学式为 $CaB_3O_3(OH)_5 \cdot 4H_2O$。

[晶系与形态] 晶体属单斜晶系。板硼石呈块状、板状或球状集合体（图10-6）。

[物理性质] 板硼石呈粉白色、白色，条痕为白色；透明至半透明，玻璃光泽，解理中等，不平坦断口；莫氏硬度为2.0，密度为1.9 g/cm^3。

[成因与产地] 板硼石产于硼酸盐矿床中。
世界的主要产地是美国加利福尼亚州的布莱克山。

[用途] 板硼石主要作为矿物标本。

图10-6　板硼石

⑦ 三斜硼钙石 (Meyerhofferite)

[化学成分] 化学式为 $CaB_3O_3(OH)_5 \cdot H_2O$。

[晶系与形态] 晶体属三斜晶系。三斜硼钙石多呈柱状、放射状或板状集合体（图10-7）。

[物理性质] 三斜硼钙石呈无色、白色，条痕为白色；玻璃至丝绢光泽，透明至半透明，解理完全；莫氏硬度为2.0，密度为2.1 g/cm^3。

[成因与产地] 三斜硼钙石主要为板硼石脱水形成。
世界的主要产地是美国加利福尼亚州的布莱克山。

[用途] 三斜硼钙石主要作为矿物标本。

图10-7　三斜硼钙石

8 硬硼钙石 *(Colemanite)*

[化学成分] 化学式为 $CaB_3O_4(OH)_3 \cdot H_2O$。

[晶系与形态] 晶体属单斜晶系。硬硼钙石的晶体呈短柱状或双锥状，集合体呈柱状、粒状、放射状、球状或块状（图10-8）。

[物理性质] 硬硼钙石呈无色、乳白色、浅黄色、灰色等，条痕为白色；透明至半透明，玻璃或强金刚光泽，解理完全；莫氏硬度为4.5，密度为2.4 g/cm^3。硬硼钙石不溶于水，易溶于热盐酸。它燃烧时会爆裂，脱落为鳞片状，火焰为绿色。

[成因] 硬硼钙石产于炎热地区的干涸盐湖和温泉沉积中，常与石盐、天青石、石膏等共生，亦产于石膏岩和黏土岩中。

[用途] 硬硼钙石是制取硼及硼化物的矿物原料。

图10-8　硬硼钙石

9 硼砂 *(Borax)*

[化学成分] 化学式为 $Na_2B_4O_5(OH)_4 \cdot 8H_2O$。

[晶系与形态] 晶体属单斜晶系。硼砂的集合体呈板状、柱状、块状（图10-9）。

[物理性质] 硼砂呈无色、灰色、白色、淡黄色、淡绿色等，条痕为白色；半透明至不透明，玻璃、油脂至土状光泽，解理完全，贝壳状断口；莫氏硬度为 2.0 ~ 2.5，密度为1.7 g/cm^3。

[成因] 硼砂产于干旱地区的干涸盐湖、蒸发矿床和温泉沉积中。

图10-9　硼砂

[用途] 硼砂有很多用途，如用作消毒剂、保鲜防腐剂、软水剂、肥皂添加剂等。此外，硼砂还是制造光学玻璃、珐琅和瓷釉的原料，也用于钢铁冶金工业。中医上，硼砂经过提炼精制后可用作清热解毒药。

10 钠硼解石 (Ulexite)

[化学成分] 化学式为 $NaCaB_5O_6(OH)_6 \cdot 5H_2O$。

[晶系与形态] 晶体属三斜晶系。钠硼解石的晶体呈细纤维状，常形成松软的球状结构的集合体（图10-10）。

[物理性质] 钠硼解石的颜色为无色、白色，条痕为白色；半透明，丝绢光泽，不平坦断口，解理完全；莫氏硬度为2.5，密度为2.0 g/cm³。

[成因] 钠硼解石形成在干旱地区，与硼砂共生于蒸发矿床中，并形成一个粉化的表面。

[**用途**] 钠硼解石用于生产硼酸钠，即硼砂，是最主要的工业硼矿物之一。

图10-10 钠硼解石

第十一章

硫酸盐和铬酸盐矿物

　　硫酸盐矿物为金属元素阳离子与硫酸根的化合物。目前，自然界已知的硫酸盐矿物有185种，占地壳总质量的0.1%。矿物中呈阳离子的有钙、镁、钾、钠、钡、锶、铅、铁、铝和铜等元素，常含水和氢氧根，阳离子以离子键与酸根相结合。矿物形态以粒状、板状为主，颜色为灰白色、无色或彩色，透明至半透明，玻璃光泽，少数呈金刚光泽，硬度低。含铅和钡的硫酸盐矿物密度较大，含其他离子的硫酸盐矿物密度一般属于中等。部分矿物溶于水。硫酸盐矿物多为氧化带的产物，部分属于化学沉积，少量为热液成因及火山喷气形成。

　　铬酸盐是金属元素阳离子与铬酸根的化合物。它们在自然界的种类和数量均很少。目前，已知的铬酸盐矿物有13种。铬酸盐重金属元素阳离子主要为钙和铅，其次为铜、铁和铝，常含水和氢氧根。铬酸盐矿物呈柱状、板状晶形，颜色鲜艳，透明至半透明，玻璃至金刚光泽。含铅矿物密度大，其余矿物硬度和密度都较小。

1 盐湖产物——无水芒硝 (*Thenardite*)

图11-1 无水芒硝

[化学成分] 化学式为 Na_2SO_4。无水芒硝中常有少量钾、钠、钙、氯及水混入。

[晶系与形态] 晶体属斜方晶系。无水芒硝的晶体常呈双锥状、柱状或板状，集合体呈粒状、块状或粉末状（图11-1）。

[物理性质] 无水芒硝呈无色、灰白色、黄色、黄棕色；透明，玻璃光泽至油脂光泽，解理完全或中等或不完全；莫氏硬度为2.5～3.0，密度为2.7 g/cm³。无水芒硝易溶于水，味微咸。在潮湿空气中，它易水化，逐渐变为粉末状的含水硫酸钠。

[成因] 无水芒硝是盐湖或干盐湖附近的蒸发产物。

[用途] 无水芒硝主要用于制造水玻璃、玻璃、瓷釉、纸浆、致冷混合剂、洗涤剂、干燥剂、染料稀释剂、分析化学试剂、医药品等。

2 钡矿石——重晶石 (*Barite*)

(a)

(b)

(c)

图11-2 重晶石

[化学成分] 化学式为 $BaSO_4$。

[晶系与形态] 晶体属斜方晶系。重晶石的晶体常呈厚板状或柱状，多为致密块状或板状、粒状集合体（图11-2）。

[物理性质] 重晶石质纯时无色透明，含杂质时则被染成各种颜色，条痕为白色；玻璃光泽，透明至半透明，两组解理完全，夹角等于或近于90°；莫氏硬度为3.0～3.5，密度为4.3～4.6 g/cm³。

[成因与产地] 重晶石形成于中低温热液条件下。

我国湖南、广西、青海、新疆等地蕴藏有巨大的重晶石矿脉。

[用途] 重晶石是提取钡的原料，磨成细粉可用作钻探用的泥浆加重剂，还可制作白色颜料、涂料及橡胶业、造纸业的填充剂和化学药品等。

3 天青石 (Celestine)

[化学成分] 化学式为 $SrSO_4$。天青石中富含钡的，称为钡天青石。

[晶系与形态] 晶体属斜方晶系。天青石的晶体常呈厚板状或柱状，多为致密块状或板状、粒状集合体（图11-3）。

[物理性质] 天青石质纯时无色透明，有些带浅蓝或蓝灰色调，条痕为白色；玻璃光泽，透明至半透明，两组解理完全，夹角等于或近于 $90°$；莫氏硬度为 3.0～3.5，密度为 3.9～4.0 g/cm^3。灼烧天青石碎片时，火焰呈深紫红色。

[成因与产地] 沉积作用形成的天青石与碳酸盐和石膏伴生，热液成因的天青石常以矿脉产出。

我国江苏溧阳爱景山的天青石脉状矿床是亚洲最大的锶矿产地。

[用途] 天青石主要用于制造碳酸锶，以及生产电视机显像管玻璃等。

图11-3　天青石

4 铅矾 (Anglesite)

[化学成分] 化学式为 $PbSO_4$。

[晶系与形态] 晶体属斜方晶系。铅矾的晶体呈板状、短柱状或锥状，集合体呈粒状、致密块状、结核状、钟乳状等（图11-4）。

[物理性质] 铅矾呈无色或蓝色、绿色、灰色、黄色，条痕为白色；透明至半透明，金刚光泽，解理中等，断口贝壳状；莫氏硬度为 2.5～3.0，密度为 6.1～6.4 g/cm^3。在紫外线照射下，铅矾发黄色或黄绿色荧光。

[成因] 铅矾为铅矿的次生矿物。常呈皮壳状包裹方铅矿，并阻止方铅矿进一步分解。在含碳酸的水的作用下，铅矾易转变为白铅矿。

[用途] 铅矾可作为提炼铅的矿物原料。

图11-4　铅矾

5 硬石膏 (Anhydrite)

图11-5 硬石膏

[化学成分] 化学式为$CaSO_4$。硬石膏中可含有少量锶、钡。

[晶系与形态] 晶体属斜方晶系。硬石膏的晶体呈柱状或厚板状，集合体呈块状或纤维状（图11-5）。

[物理性质] 硬石膏呈无色、白色，或因含杂质而呈浅灰色、浅蓝色或浅红色，条痕为白色；透明至半透明，玻璃光泽，解理面珍珠光泽，解理完全，断口贝壳状；莫氏硬度为3.0～3.5，密度为3.0 g/cm^3。在紫外线照射下，硬石膏发黄色或黄绿色荧光。

[成因与产地] 硬石膏主要是化学沉积作用的产物，主要形成在盐湖中，常与石膏、石盐和钾石盐等伴生。在石灰岩或白云岩受热液交代的金属矿床中，由于含硫酸溶液的作用，也可形成硬石膏。曝露在地表时，硬石膏易水化而成石膏。

世界的著名产地有波兰的维利奇卡、奥地利的布莱贝格、德国的施塔斯富特、瑞士的贝城、美国的洛克波特，以及我国南京的周村等地。

[用途] 硬石膏主要用于制造化肥，以及代替石膏作为硅酸盐水泥的缓凝剂。

此外，石膏的导热系数低，具有防火性能。

6 硫酸钠原料——芒硝 (Mirabilite)

[化学成分] 化学式为$Na_2SO_4 \cdot 10 H_2O$。

[晶系与形态] 晶体属单斜晶系。芒硝的晶体呈短柱状或针状，集合体通常呈致密块状、纤维状（图11-6）。

[物理性质] 芒硝呈无色或白色，条痕为白色；透明至半透明，玻璃光泽，具完全的板面解理，贝壳状断口；莫氏硬度为1.5～2.0，密度为1.5 g/cm^3。芒硝味清凉略苦咸，极易风化，在干燥的空气中逐渐失去水分，而转变为白色粉末状的无水芒硝。

[成因与产地] 芒硝产于干涸的盐湖中，与石盐、石

图11-6 芒硝

膏等共生。现代芒硝矿床主要产于内陆湖泊和海滨半封闭的海湾潟湖里。

世界上芒硝湖的分布以我国和俄罗斯较多。我国主要分布在西藏、内蒙古、黑龙江、山西、吉林等省区。美国的加利福尼亚州、怀俄明州及其西南部、西部其他地区也富产芒硝。此外，奥地利、西班牙、波希米亚及里海的卡拉博加兹戈尔湾也有丰富的芒硝矿藏。

[用途] 芒硝是轻工、化工工业原料。在化学工业中，主要用于制取无水硫酸钠和制造硫化碱，还可用于制取泡花碱、硫酸钡等。它们广泛地被应用于化工、轻工、纺织、建材、医药等多个行业。目前，芒硝主要用于洗涤剂和硫化碱工业，其次用于纸浆、人造纤维、玻璃工业。

7 柱钠铜矾 (Krohnkite)

[化学成分] 化学式为 $Na_2Cu(SO_4)_2 \cdot 2H_2O$。

[晶系与形态] 晶体属单斜晶系。柱钠铜矾的晶体呈针状，集合体常呈致密块状、纤维状、壳状（图11-7）。

[物理性质] 柱钠铜矾多呈蓝色、深天蓝色、蓝绿色、黄绿色，条痕为白色；透明至半透明，玻璃光泽，具完全解理，贝壳状断口；莫氏硬度为2.5～3.0，密度为2.1～2.9 g /cm^3。

[成因] 柱钠铜矾是铜硫化矿床氧化带的次生矿物。

[用途] 主要用作矿物标本。

图11-7 柱钠铜矾

8 钾明矾 (Alum-(K))

[化学成分] 化学式为 $KAl(SO_4)_2 \cdot 12H_2O$。

[晶系与形态] 晶体属等轴晶系。钾明矾的外表常呈八面体，或以立方体、菱形十二面体形成聚形（图11-8）。

[物理性质] 钾明矾呈无色、白色，条痕为白色；透明，玻璃光泽，不完全解理，贝壳状断口；莫氏硬度为2.0，密度为1.8 g/cm^3。在64.5℃时，钾明矾会失去9个分子结晶水；在200℃时，会失去12个分子结晶水。它

图11-8 钾明矾

溶于水，不溶于乙醇。其性味酸涩、寒，有毒。

[成因] 钾明矾是铜硫化矿床氧化带的次生矿物。

[用途] 钾明矾主要用于制备铝盐、发酵粉、油漆、鞣料、澄清剂、媒染剂、造纸、防水剂等。

⑨ 模型材料——石膏 (Gypsum)

[化学成分] 化学式为 $CaSO_4 \cdot 2H_2O$。

[晶系与形态] 晶体属单斜晶系。石膏的晶体常呈近似菱形的板状，燕尾双晶常见，集合体多为纤维状、粒状、致密块状（图11-9）。

(a)

(b)

图11-9 石膏

[物理性质] 石膏呈无色或白色，条痕为白色；玻璃光泽，纤维状者呈丝绢光泽，一组极完全解理，薄片具挠性；莫氏硬度为2.0，密度为2.3 g/cm³。质纯无色透明的晶体，称为透石膏；雪白色、不透明的细粒块状，称为雪花石膏；纤维状集合体并具丝绢光泽的，称为纤维石膏。石膏加热放出水分后，变为熟石膏。

[成因与产地] 石膏由化学沉积作用形成。潟湖盆地中沉积的石膏层，规模巨大，常与硬石膏、石盐、钾石盐等共生。

世界上最大的石膏生产国是美国，其次是加拿大、法国、德国、英国、西班牙。我国石膏矿资源丰富，其

知识链接

沙漠玫瑰石

沙漠玫瑰石又称"戈壁石"，主要产于浩瀚戈壁，是方解石、石英、石膏的共生结晶体。外形酷似玫瑰，又生长在沙漠中，故称为"沙漠玫瑰"。按其生长形态，可分单体、联体、枝状、丛状。单体直径一般在1.5～10厘米，联体直径在10～50厘米或更大。它的硬度极低，质地容易损坏。它是天然石头中为数不多的似花矿物，具有很高的观赏价值（图11-10）。

图11-10 沙漠玫瑰石

中，山东最多，占全国储量的65%；内蒙古、青海、湖南次之。

在墨西哥奈卡矿洞中发现了世界最大的石膏晶体，单体长约12米，直径约4米，质量约55吨。

[用途] 石膏主要用于制作模型、雕塑、粉笔、涂料、水泥、农肥等。

10 蓝色颜料——胆矾 (Chalcanthite)

[化学成分] 化学式为$CuSO_4 \cdot 5H_2O$。

[晶系与形态] 晶体属三斜晶系。胆矾的晶体呈板状或短柱状，集合体则呈粒状、块状、纤维状、钟乳状、皮壳状等（图11-11）。

[物理性质] 胆矾的颜色呈深蓝色或淡蓝色，条痕为无色或带浅蓝色；玻璃光泽，半透明至透明，贝壳状断口，质脆，易碎；莫氏硬度为2.5，密度为$2.1 \sim 2.3 \ g/cm^3$。加热烧之，即失去结晶水变成白色，遇水则又变蓝。胆矾能溶于水。

[成因] 胆矾主要产于铜矿床的氧化带。

[用途] 胆矾主要用作颜料、电池、杀虫剂、木材防腐等方面的化工原料。

图11-11 胆矾

11 水绿矾 (Melanterite)

[化学成分] 化学式为$FeSO_4 \cdot 7H_2O$。

[晶系与形态] 晶体属单斜晶系。水绿矾的晶体呈柱状，集合体呈纤维状或钟乳状（图11-12）。

[物理性质] 水绿矾的颜色呈绿色至蓝色，条痕为白色；玻璃光泽，半透明至透明，贝壳状断口；莫氏硬度为2.0，密度为$1.9 \ g/cm^3$。

[成因] 水绿矾主要见于硫化物矿床氧化带下部半分解的黄铁矿矿石的裂隙中。

[用途] 水绿矾可作药用，也是颜料用矿物。

图11-12 水绿矾

12 泻利盐 (Epsomite)

图11-13 泻利盐

[化学成分] 化学式为 $MgSO_4 \cdot 7H_2O$。

[晶系与形态] 晶体属斜方晶系。泻利盐的晶体呈四角粒状或菱形，集合体呈纤维状、针状、粒状或粉末（图11-13）。

[物理性质] 泻利盐的颜色多呈无色、白色、黄白色、绿白色、粉白色，条痕为白色；半透明至透明，玻璃光泽，脆性；莫氏硬度为 2.0 ～ 2.5，密度为 1.7 g/cm³。

[成因与产地] 泻利盐主要通过亚硫酸铁氧化形成；此外，还能通过盐水湖的沉淀形成。它一般与矿盐一同出现。

世界的主要产地包括意大利维苏威火山上的气孔附近，美国的内华达州及华盛顿州等。

[用途] 泻利盐可用作食品强化剂，还可用于制革、炸药、造纸、瓷器、肥料及医疗上口服泻药等。它还是矿物质水添加剂。在农业中，它被用于一种肥料。

13 水胆矾 (Brochantite)

图11-14 水胆矾

[化学成分] 化学式为 $Cu_4SO_4(OH)_6$。

[晶系与形态] 晶体属单斜晶系。水胆矾的晶体呈短柱至针状，有时呈板状，集合体呈肾状或纤维状（图11-14）。

[物理性质] 水胆矾的颜色呈翠绿色、黑绿色，甚至全黑色，条痕为灰绿色；玻璃至珍珠光泽，解理完全，断口贝壳状至参差状；莫氏硬度为 3.5 ～ 4.0，密度为 4.0 g/cm³。

[成因与产地] 水胆矾是一种次生矿物，常生于铜矿床上部的氧化带中。

世界的著名产地有智利、俄罗斯、英国、意大利、罗马尼亚及美国等地。

[用途] 水胆矾是重要的铜矿来源。

14 明矾石 (Alunite)

[化学成分] 化学式为$KAl_3(SO_4)_2(OH)_6$。

[晶系与形态] 晶体属三方晶系。明矾石的晶体不明显，一般呈纤维状、块状或土状（图11-15）。

[物理性质] 明矾石的颜色呈白色，含杂质时则呈浅灰色、浅红色、浅黄色或红褐色，条痕为白色；透明至半透明，玻璃至珍珠光泽，解理中等，断口参差状；莫氏硬度为3.5 ~ 4.0，密度为2.6 ~ 2.9 g/cm³。它溶于强碱及硫酸。

图11-15 明矾石

[成因与产地] 明矾石在火山岩（如流纹岩、粗面岩和安山岩）内呈囊状体或薄层产出。据认为，它是由于这些岩石与逸出的含硫蒸气进行化学反应形成的。明矾石为中酸性火山喷出岩经过低温热液作用生成的蚀变产物。

世界上大的明矾石矿床分布在乌克兰的别烈戈沃附近、西班牙的阿尔梅利亚和澳大利亚新南威尔士的布拉德拉。我国浙江苍南、安徽庐江和福建周宁的白垩系火山岩中也有大量明矾石产出。

[用途] 明矾石主要用于制造钾肥、硫酸，也可用来炼铝。

15 黄钾铁矾 (Jarosite)

[化学成分] 化学式为$KFe_3(SO_4)_2(OH)_6$。

[晶系与形态] 晶体属三方晶系。黄钾铁矾的晶体很小且非常少见，一般为块状或是土状集合体（图11-16）。

图11-16 黄钾铁矾

[物理性质] 黄钾铁矾的颜色呈赭黄色，条痕为黄色；透明至半透明，玻璃光泽，断口不平坦；莫氏硬度为 $2.5 \sim 3.5$，密度为 $2.9 \sim 3.3$ g/cm^3。

[成因与产地] 黄钾铁矾为干燥地区金属硫化物矿床氧化带中广泛分布的次生矿物，主要由黄铁矿因氧化分解而成。它易于水解而成为铁的氢氧化物，故常同褐铁矿等伴生。

我国西北祁连山地区的金属硫化物矿床氧化带上部，有大量的黄钾铁矾发育。

[用途] 将质量纯的黄钾铁矾煅烧后，可得到用于研磨的原料。

16 漂亮的矿物——铬铅矿 (Crocoite)

[化学成分] 化学式为 $PbCrO_4$。

[晶系与形态] 晶体属单斜晶系。铬铅矿的晶体呈细

(a)

(b)

长柱状，集合体也呈块状（图11-17）。

[物理性质] 铬铅矿通常呈鲜艳的橘红色，有时呈橘黄色、红色或黄色，条痕为橘黄色；半透明，金刚光泽，贝壳状至参差状断口；莫氏硬度为2.5 ～ 3.0，密度为6.0 g/cm³。

[成因与产地] 铬铅矿为铅矿床氧化带中的次生矿物。

最美丽的铬铅矿品种来自澳大利亚的塔斯马尼亚、俄罗斯的乌拉尔、巴西和美国西南部地区。

[用途] 元素铬最早就是从铬铅矿中被发现的。铬可以用来镀在金属表面用以防锈。因为具有鲜红的颜色，铬铅矿还被用作颜料。现在一般用人造铬铅矿作为颜料油漆。

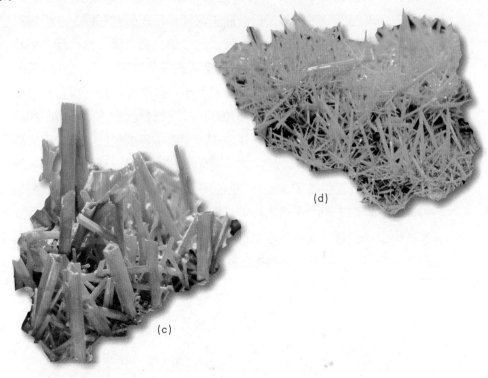

图11-17　铬铅矿

第十二章

磷酸盐、砷酸盐、钒酸盐、钨酸盐和钼酸盐矿物

　　该类矿物在地壳中种类较多，但分布不广。目前，已知磷酸盐矿物206种，砷酸盐矿物123种，钒酸盐矿物56种，钨酸盐和钼酸盐矿物21种。矿物中呈阳离子的有钙、镁、铁、钴、镍、铜、锌、锂、钾、铝和稀土等元素。除酸根外，矿物中常有附加阴离子和络阴离子，约有50%的矿物含水。矿物晶形较差，有的呈胶态产出。磷酸盐矿物呈板状、柱状和粒状晶形，砷酸和钒酸盐矿物多为细小片状或针状形态。多数矿物颜色鲜艳，透明至半透明，玻璃光泽为主，硬度中等或较低（其中无水磷酸盐最高，钒酸盐最低），密度大小视阳离子而不同。磷酸盐矿物多为生物化学沉积或表生成因，部分为岩浆作用形成或产于伟晶岩中。砷酸盐和钒酸盐矿物主要产于氧化带中。钨酸盐和钼酸盐矿物常见四方双锥或板状形态，矿物色浅，多为半透明，金刚光泽，硬度不高。钨酸盐和含铅的钼酸盐矿物密度大。钨酸盐矿物产于接触带和热液矿床中，钼酸盐矿物主要产于氧化带。

① 锂蓝铁矿 (Triphylite)

[化学成分] 化学式为$LiFePO_4$。

[晶系与形态] 晶体属斜方晶系。锂蓝铁矿的晶体呈柱状，集合体呈粒状、块状（图12-1）。

[物理性质] 锂蓝铁矿多呈棕绿色、浅灰绿色、蓝灰色，条痕为无色至灰白色；透明至半透明，玻璃光泽至油脂光泽，解理完全，不平坦至参差状断口，脆性；莫氏硬度为4.0 ~ 5.0，密度为3.4 ~ 3.6 g/cm^3。

[成因] 锂蓝铁矿产于花岗伟晶岩中，是磷酸盐的次生矿物。

[用途] 用作矿物研究与收藏。

图12-1 锂蓝铁矿

② 稀土矿物——铈独居石 (Monazite-(Ce))

[化学成分] 化学式为$CePO_4$。铈独居石通常含有其他稀土元素、放射性元素——钍和铀。

[晶系与形态] 晶体属单斜晶系。铈独居石的晶体呈板状或柱状（图12-2）。

[物理性质] 铈独居石多呈棕红色、黄色，有时呈褐黄色，条痕为白色或浅红黄色；半透明至透明，油脂光泽或玻璃光泽，解理完全，贝壳状至参差状断口，脆性；莫氏硬度为5.0 ~ 5.5，密度为4.9 ~ 5.5 g/cm^3。在紫外光照射下，铈独居石发鲜绿色荧光。它常具放射性。

图12-2 铈独居石

[成因与产地] 铈独居石主要作为副矿物，产在花岗岩、正长岩、片麻岩和花岗伟晶岩中，与花岗岩有关的热液矿床中也有产出。主要矿床是滨海砂矿和冲积砂矿。

世界上最重要的滨海砂矿床分布在澳大利亚沿海、巴西及印度沿海等。此外，斯里兰卡、马达加斯加、南非、马来西亚、泰国、韩国、朝鲜等地也有含铈独居石的重砂矿床。我国的白云鄂博也是铈独居石的重要产地。

[用途] 铈独居石是主要的稀土矿物，是提炼稀土元素的矿物原料。由于成分中经常有钍代替铈，在提取铈时，可综合提取钍。稀土元素在黑色和有色冶金、玻璃

和陶瓷生产、电子、电气照明、电视和激光技术、化工工业、医疗和农业生产领域中，都有广泛的应用。

③ 磷钇矿 (Xenotime-(Y))

图12-3 磷钇矿

[化学成分] 化学式为YPO_4。磷钇矿中通常含有其他稀土元素、放射性元素——钍和铀。

[晶系与形态] 晶体属四方晶系。磷钇矿的晶体呈四方柱状或双锥状，集合体呈散染粒状或致密块状（图12-3）。

[物理性质] 磷钇矿多呈黄褐色、红色、灰色等，条痕为白色；不透明，玻璃光泽至油脂光泽，解理完全，参差状断口；莫氏硬度为4.0 ～ 5.0，密度为4.4 ～ 5.0 g/cm³。磷钇矿常具放射性。

[成因与产地] 磷钇矿主要产于花岗岩、花岗伟晶岩、碱性花岗岩中，亦产于砂矿中。

我国的中南部地区分布有磷钇矿风化壳矿床。

[**用途**] 磷钇矿是提取钇的重要矿物原料。金属钇在合金方面用作钢铁精炼剂、变质剂等。合成钇铝石榴石用作激光材料，钇铁石榴石用于微波技术及声能换送，掺铈的钒酸钇及掺铕的氧化钇用作彩色电视机的荧光粉。

④ 放射性矿物——钙铀云母 (Autunite)

图12-4 钙铀云母

[化学成分] 化学式为$Ca(UO_2)_2(PO_4)_2 \cdot 10\text{-}12(H_2O)$。

[晶系与形态] 晶体属四方晶系。钙铀云母的晶体呈四方板状，集合体呈玫瑰状、苔藓状或皮壳状（图12-4）。

[物理性质] 钙铀云母多呈黄色、绿色，条痕为黄色；透明度好，金刚光泽、玻璃光泽至珍珠光泽，极完全解理，参差状断口，脆性；莫氏硬度为2.0 ～ 2.5，密度为3.1 ～ 3.2 g/cm³。在紫外线照射下，钙铀云母发淡黄绿色中强荧光。它具强放射性。

[成因与产地] 钙铀云母产于铀矿床氧化带，有时产于伟晶岩中。

意大利的科林扎、伦巴第及古内奥，澳大利亚的莱姆占哥等地有钙铀云母矿产分布。

[用途] 钙铀云母是晶质铀矿经蚀变或风化淋滤，而形成的次生矿物，可作为晶质铀矿的找矿标志。如果在野外发现钙铀云母，可以直接或间接地找到铀矿床或矿体。

⑤ 放射性矿物——铜铀云母 (Torbernite)

[化学成分] 化学式为 $Cu(UO_2)_2(PO_4)_2 \cdot 12H_2O$。

[晶系与形态] 晶体属四方晶系。铜铀云母的晶体呈板状、短柱状，集合体为土状（图12-5）。

[物理性质] 铜铀云母多呈姜黄色、祖母绿色、苹果绿色，条痕为灰绿色；透明至半透明，玻璃光泽至珍珠光泽，极完全解理，参差状断口，脆性；莫氏硬度为 2.0 ~ 2.5，密度为 3.2 ~ 3.6 g/cm³。在紫外线照射下，铜铀云母发淡黄绿色荧光。它具强放射性。

[成因] 铜铀云母产于花岗岩和其他铀矿岩石的氧化带。

[用途] 铜铀云母是晶质铀矿经蚀变或风化淋滤，而形成的次生矿物，可作为晶质铀矿的找矿标志。它可以用来提炼铀。

⑥ 磷铝石 (Variscite)

[化学成分] 化学式为 $AlPO_4 \cdot 2H_2O$。

[晶系与形态] 晶体属斜方晶系。对于磷铝石，偶见斜方双锥晶形或呈细粒状，多呈胶态出现，如皮壳状、结核状、肾状、豆状、玉髓状、蛋白石状等（图12-6）。

[物理性质] 磷铝石中，纯者无色或呈白色，含杂质时呈浅红色、绿色、黄色或天蓝色，条痕为白色；透明至半透明，土状光泽，解理中等至完全，贝壳状断口，脆性；莫氏硬度为 3.5 ~ 5.0，密度为 2.5 ~ 2.6 g/cm³。在紫外线照射下，磷铝石发淡黄绿色荧光。它具强放射性。

[成因] 磷铝石主要产于氧化带，与赤铁矿、褐铁矿

图12-5 铜铀云母

图12-6 磷铝石

等共生。

[用途] 磷铝石一般呈绿色，可作为非常好看的石料饰面，或作次要宝石。此外，因它具有多孔的特点，可以用来吸附油脂。

7 有蒜臭味的矿物——臭葱石 (*Scorodite*)

图12-7　臭葱石

[化学成分] 化学式为$FeAsO_4 \cdot 2H_2O$。

[晶系与形态] 晶体属斜方晶系。臭葱石的晶形呈双锥状，常呈粒状集合体，偶呈小晶簇出现（图12-7）。

[物理性质] 臭葱石多呈绿白色、鲜绿色、蓝绿色，少数呈白色，条痕为浅绿白色；透明至半透明，玻璃光泽或油脂光泽，解理不完全，参差状断口，脆性；莫氏硬度为3.5，密度为3.3 g/cm^3。加热后，臭葱石发出蒜臭味。

[成因与产地] 臭葱石是外生成因的矿物，形成于砷矿床的氧化带，为毒砂、斜方砷铁矿等氧化物的次生矿物。宝石级的臭葱石晶体产于巴西及纳米比亚。

[用途] 宝石级的臭葱石以蓝色、紫色居多。

8 蓝磷铜矿 (*Cornetite*)

图12-8　蓝磷铜矿

[化学成分] 化学式为$Cu_3(PO_4)(OH)_3$。

[晶系与形态] 晶体属斜方晶系。蓝磷铜矿的晶体呈短柱状、等粒状，集合体常呈细粒的壳状（图12-8）。

[物理性质] 蓝磷铜矿多呈蓝绿色、深蓝色，条痕为浅绿白色；透明至半透明，玻璃光泽，无解理；莫氏硬度为4.5，密度为4.1 g/cm^3。

[成因] 蓝磷铜矿为外生成因的矿物，形成于热液型铜矿床的氧化带，为铜的次生矿物。

[用途] 主要用作矿物研究与收藏。

9 肥料矿物——蓝铁矿 (Vivianite)

[化学成分] 化学式为$Fe_3(PO_4)_2 \cdot 8H_2O$。蓝铁矿中的铁常常会被其他带有二价电荷的金属离子所取代,如镍、钴、锌、镁和锰。

[晶系与形态] 晶体属单斜晶系。蓝铁矿的晶体多呈长柱形,集合体通常呈柱状,有时扁平,有时呈圆球状、片状、放射状、纤维状、土状等(图12-9)。

[物理性质] 蓝铁矿多呈无色、绿色、蓝色、深绿色、深青绿色,条痕为浅绿白色;透明至半透明,玻璃光泽,解理完全;莫氏硬度为1.5 ~ 2.0,密度为2.6 ~ 2.7 g/cm^3。

图12-9 蓝铁矿

长期曝露在光线下,蓝铁矿会逐渐变暗、变黑,这是因为其中的铁会被氧化。

[成因与产地] 蓝铁矿是许多地质环境中普遍出现的次生矿物,如金属矿化区的氧化带中、含有磷酸盐类矿物的伟晶花岗岩中、黏土沉积物和现代河流沉积物中。

世界的著名产地有美国的马里兰州和科罗拉多州,俄罗斯、乌克兰及英国的康沃尔。

[用途] 蓝铁矿是一种较有价值的矿物肥料,其肥效比过磷酸钙高4 ~ 6倍。由于蓝铁矿闪亮的蓝绿颜色,因此常是矿物收藏家喜好收藏的矿物之一。

10 钴华 (Erythrite)

[化学成分] 化学式为$Co_3(AsO_4)_2 \cdot 8H_2O$。

[晶系与形态] 晶体属单斜晶系。钴华的晶体细小,呈针状或片状,集合体常呈土状或皮壳状(图12-10)。

[物理性质] 钴华多呈粉红至鲜红色,也有明珠灰色的,条痕为粉红色;透明至半透明,珍珠光泽,解理完全;莫氏硬度为1.5 ~ 2.5,密度为3.1 ~ 3.2 g/cm^3。加热时,钴会变色,呈现蓝色。

[成因与产地] 钴华是含钴矿床的次生矿物。

世界上,在扎伊尔、赞比亚、美国、澳大利亚、菲

图12-10 钴华

律宾、摩洛哥、加拿大、芬兰等地有较多分布。

[**用途**] 钴华主要用于提炼钴，也用于玻璃和陶瓷的着色。

11 磷氟镁石 (Wagnerite)

图 12-11 磷氟镁石

[化学成分] 化学式为 $Mg_2(PO_4)F$。磷氟镁石中有时含钙和铁。

[晶系与形态] 晶体属单斜晶系。磷氟镁石的晶体呈短柱状，晶面具纵纹，通常呈块状集合体（图12-11）。

[物理性质] 磷氟镁石多呈浅黄色、淡灰色、肉红色及淡绿等色，条痕为白色；半透明，玻璃光泽，解理不完全；莫氏硬度为5.0～5.5，密度为3.0～3.1 g/cm^3。

[成因] 磷氟镁石主要见于某些石英脉中，与菱镁矿、绿泥石伴生。

[**用途**] 用作矿物研究与收藏。

12 磷肥矿物——磷灰石 (Apatite)

(a)

(b)

图 12-12 磷灰石

[化学成分] 磷灰石矿物超族名和矿物族名。磷灰石超族包括五个矿物族：磷灰石族、砷铅磷灰石族、锶铈磷灰石族、铈硅磷灰石族和硅磷灰石族。化学通式为 $X_5(ZO_4)_3(F,Cl,OH)$，式中X代表Ca、Sr、Ba、Pb、Na、Ce、Y等，Z主要为P，还可为As、V、Si等。一般指磷灰石族矿物。

[晶系与形态] 晶体属六方晶系。磷灰石的晶体一般为带锥面的六方柱，集合体呈粒状、块状或结核状等（图12-12）。

[物理性质] 磷灰石颜色多样，有白、灰、黄绿、褐、紫等色；透明至不透明，玻璃光泽，断口呈油脂光泽，解理沿底面不完全，断口不平坦，脆性；莫氏硬度为5.0，密度为3.2 g/cm^3。加热后，磷灰石可发磷光。将钼酸铵粉末置于磷灰石上，加硝酸，可生成黄色的磷钼酸铵，这种方法被用以快速试磷。

[成因与产地] 磷灰石以副矿物见于各种火成岩中，在碱性岩中可以形成有工业价值的矿床。规模巨大的磷灰石矿床主要为浅海沉积成因，以胶磷矿为主。

我国湖北襄阳、云南昆阳、贵州开阳分布有浅海沉积成因的磷矿。

[用途] 磷灰石是制造磷和磷肥的最主要原料。

13 水砷锌矿 (Adamite)

[化学成分] 化学式为 $Zn_2(AsO_4)(OH)$。

[晶系与形态] 晶体属斜方晶系。水砷锌矿的晶体呈板状或柱状，一般细小的晶体会结成球状等集合体（图12-13）。

[物理性质] 水砷锌矿多呈浅黄色、浅绿色、粉红色或淡紫色，条痕为白色；玻璃光泽至树脂光泽，半透明，解理不完全，贝壳状断口；莫氏硬度为4.0～4.5，密度为3.5～4.0 g/cm^3。

图12-13　水砷锌矿

[成因与产地] 水砷锌矿是矿床氧化带中分布较广的矿物之一，由闪锌矿变化而形成，与菱锌矿、绿铜锌矿、白铅矿、方解石和褐铁矿等共生。在废矿坑里，亦见有偏胶体状的水砷锌矿沉淀。

世界的著名产地有瑞典旺木兰、英国、意大利，以及我国辽宁本溪等。

[用途] 用作矿物研究与收藏。

14 磷氯铅矿 (Pyromorphite)

[化学成分] 化学式为 $Pb_5(PO_4)_3Cl$。

[晶系与形态] 晶体属六方晶系。磷氯铅矿的晶体常呈六方柱状、小圆桶状或针状，集合体有晶簇状、球状、粒状、肾状（图12-14）。

[物理性质] 磷氯铅矿常呈黄绿色、绿色、黄色、褐色、橙红色，条痕为白色带黄；树脂光泽至金刚光泽，半透明，无解理，贝壳状断口；莫氏硬度为3.5～4.0，密度为6.5～7.1 g/cm^3。

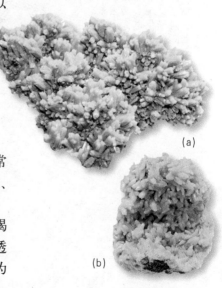

(a)

(b)

图12-14　磷氯铅矿

［成因与产地］磷氯铅矿产于铅矿床氧化带，是地表水中所含的磷酸与铅矿物作用的产物。

世界的主要产地在美国的爱达荷州、宾西法尼亚州和亚里桑那州，德国的埃姆斯地区，英国的坎布兰，墨西哥的齐瓦瓦及扎卡特卡斯，加拿大不列颠哥伦比亚，俄罗斯的乌拉尔，澳大利亚的新南威尔士，此外，西班牙、西南非洲、中国等地也有分布。

［用途］磷氯铅矿是提炼铅的矿石之一。此外，磷氯铅矿因其鲜艳的颜色及密布的六方柱晶体，有很好的观赏性。

15 钒铅矿（Vanadinite）

［化学成分］化学式为$Pb_5(VO_4)_3Cl$。

［晶系与形态］晶体属六方晶系。钒铅矿的晶体呈六方柱状、针状或毛发状，集合体呈晶簇状、球状（图12–15）。

［物理性质］钒铅矿多呈褐黄色、鲜红色、橙红色、浅褐红色、黄色或鲜褐色等，条痕为白色带黄；树脂光泽或金刚光泽，半透明至不透明，无解理，贝壳状断口；莫氏硬度为3.5 ~ 4.0，密度为6.8 ~ 7.1 g/cm^3。

［成因与产地］钒铅矿为方铅矿等含铅矿石的矿床上氧化次生形成的，伴生矿物有钼铅矿、针铁矿等。

1801年在墨西哥首次发现钒铅矿。此后，陆续在南美、欧洲、非洲和北美的部分地区发掘出钒铅矿矿藏。

［用途］钒铅矿是提炼金属钒的主要矿物原料，少数也用于提炼铅。

知识链接

绿色环保电池——钒电池

钒电池是目前发展的优秀绿色环保蓄电池之一。它的制造、使用及废弃过程均不产生有害物质。它具有特殊的电池结构，支持频繁地大电流充电或放电，能量效率高，价格低廉，应用领域广阔，可作为大厦、机场、程控交换站备用电源，也可作为太阳能等清洁发电系统的配套储能装置，为潜艇、远洋轮船提供电力，以及用于电网调峰等。

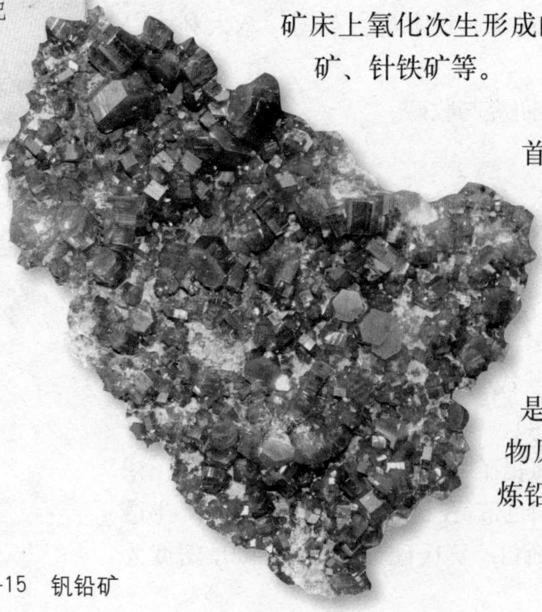

图12–15　钒铅矿

16 砷铅矿 (Mimetite)

[化学成分] 化学式为 $Pb_5(AsO_4)_3Cl$。

[晶系与形态] 晶体属六方晶系。砷铅矿的晶体呈六方柱状，也呈板状、双锥状、针状，柱面上有纵纹，锥面上有横纹，集合体呈葡萄状、肾状或粒状（图12-16）。

[物理性质] 砷铅矿典型的颜色为黄色，橙色、褐色、绿色、灰色等相对少见，条痕为白色；树脂光泽或金刚光泽，半透明，解理不完全，贝壳状断口；莫氏硬度为3.5～4.0，密度为6.8～7.1 g/cm³。

[成因] 砷铅矿形成于铅锌矿床氧化带，常与磷氯铅矿、钒铅矿、菱锌矿、异极矿、褐铁矿、毒砂等共生。

[用途] 砷铅矿富集时，可作为炼铅矿物。

(a)

(b)

图12-16 砷铅矿

17 古老玉石——绿松石 (Turquoise)

[化学成分] 化学式为 $CuAl_6(PO_4)_4(OH)_8·4H_2O$。

[晶系与形态] 晶体属三斜晶系。绿松石为隐晶质，通常呈致密块状、肾状、钟乳状、皮壳状等集合体（图12-17）。

[物理性质] 绿松石多呈天蓝色、淡蓝色、绿蓝色、绿色、带绿的苍白色，含浅色条纹、斑点及褐黑色的铁线，条痕为白色或绿色；绿松石块状体为蜡状光泽，不透明，解理不完全，贝壳状断口；莫氏硬度为5.0～6.0，

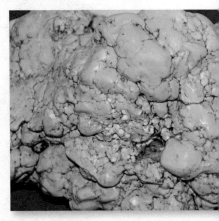

图12-17 绿松石

密度为 2.6 ~ 2.9 g/cm³。

[成因与产地] 绿松石是一种次生矿物，由含铜、铝、磷的地下水在早期花岗岩石中淋滤而成，在近地表的矿脉中沉淀形成结核，被岩脉的基质所包裹。

世界上著名的绿松石产地是伊朗，产出最优质的瓷松和铁线松，称为波斯绿松石。此外，埃及、美国、墨西哥、阿富汗、印度及俄罗斯等地均有产出。我国的青海乌兰、安徽马鞍山等地有绿松石产出，以湖北郧县、郧西、竹山一带为优质绿松石著名产地，此外，江苏、云南等地也发现有绿松石。

[用途] 绿松石是深受古今中外人士喜爱的古老玉石之一，绿松石制品现已成为重要的收藏品。

18 银星石 (Wavellite)

[化学成分] 化学式为 $Al_3(PO_4)_2(OH)_3 \cdot 5H_2O$。

[晶系与形态] 晶体属斜方晶系。银星石的晶体呈球状或柱状，集合体呈放射状（图12-18）。

[物理性质] 银星石多呈绿白色、黄绿色、暗蓝色、黄色、暗黑色、粉红色等，条痕为白色；玻璃光泽或油脂光泽，半透明，解理完全；莫氏硬度为 3.5 ~ 4.0，密度为 2.4 g/cm³。

[成因与产地] 银星石是铝质低级变质岩和磷酸盐岩石的次生矿物。

世界的主要产地有英国、美国。

[用途] 用作矿物收藏。

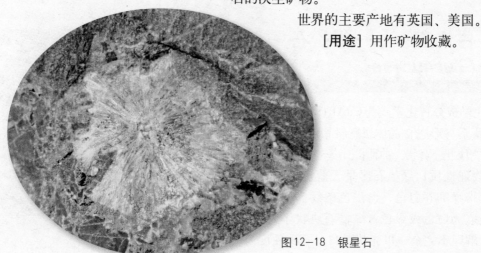

图12-18　银星石

19 绘画材料——黄磷铁矿 (*Cacoxenite*)

[化学成分] 化学式为 $(Fe^{3+}, Al)_{25}(PO_4)_{17}O_6(OH)_{12} \cdot 75H_2O$。

[晶系与形态] 晶体属六方晶系。黄磷铁矿的晶体呈针状，集合体呈放射状、纤维状（图12-19）。

[物理性质] 黄磷铁矿多呈金黄色、黄色、浅褐黄色、红黄色，条痕为黄色；丝绢光泽，无解理；莫氏硬度为 3.0～3.5，密度为 2.3～2.4 g/cm^3。

[成因] 黄磷铁矿产于伟晶岩中，与簇磷铁矿、红磷铁矿等共生。

[用途] 黄磷铁矿用于制作绘画用的黄粉。

图12-19　黄磷铁矿

20 炼钨矿物——钨铁矿 (*Ferberite*)

[化学成分] 化学式为 $FeWO_4$。

[晶系与形态] 晶体属单斜晶系。钨铁矿的晶体呈板状或柱状（图12-20）。

[物理性质] 钨铁矿呈黑色，条痕为黑褐色；半金属光泽，不透明，解理完全，参差状断口；莫氏硬度为4.5，密度为7.4～7.5 g/cm^3。钨铁矿具弱磁性。

[成因与产地] 钨铁矿产于高温热液石英脉、云英岩和花岗伟晶岩中，也产于冲积、残积矿床。

世界的著名产地有美国科罗拉多州波尔多、我国河北与福建等地。

[用途] 钨铁矿是炼钨的主要矿物原料。

图12-20　钨铁矿

图 12-21 黑钨矿

21 炼钨矿物——黑钨矿 (Wolframite)

[化学成分] 化学式为 $(Fe,Mn)WO_4$。黑钨矿是常见的钨矿物，是钨铁矿与钨锰矿固熔体系列的中间成员。

[晶系与形态] 晶体属单斜晶系。黑钨矿的晶体呈板状或柱状（图 12-21）。

[物理性质] 黑钨矿矿物和条痕颜色均随铁、锰含量而变化，含铁愈多，颜色愈深，一般为褐红色至黑色，条痕为黄褐色至黑褐色；金属光泽至半金属光泽，有一组完全的解理；莫氏硬度为 4.0 ～ 4.5，密度为 7.2 ～ 7.5 g/cm³。

[成因与产地] 黑钨矿产于高温热液石英脉中。

我国赣南、湘东、粤北一带是世界著名的黑钨矿产区。其他的主要产地有俄罗斯西伯利亚、缅甸、泰国、澳大利亚、玻利维亚等。

[用途] 黑钨矿是炼钨最主要的矿物原料。

22 炼钨矿物——白钨矿 (Scheelite)

[化学成分] 化学式为 $CaWO_4$。

[晶系与形态] 晶体属四方晶系。白钨矿的晶体为近于八面体的四方双锥，集合体多为粒状、致密块状（图 12-22）。

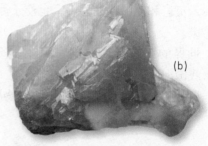

(a)

(b)

图 12-22 白钨矿

[物理性质] 白钨矿多为无色或白色，有时带灰白、浅黄、褐、绿等色，条痕为白色；玻璃光泽至金刚光泽，断口油脂光泽，解理中等，脆性；莫氏硬度为4.5～5.0，密度为6.1 g/cm^3。在紫外线照射下，白钨矿发浅蓝色荧光。

[成因与产地] 白钨矿主要产于花岗岩与石灰岩接触带的矽卡岩中。

我国湖南的瑶岗仙是世界著名的白钨矿产地。世界的著名产地还有朝鲜南部的山塘、德国的萨克森、英国的康沃尔、澳大利亚的新南威尔士、玻利维亚北部和美国的内华达州等。

[用途] 白钨矿是炼钨的重要原料。

23 收藏品——钼铅矿
(Wulfenite)

[化学成分] 化学式为$PbMoO_4$。钼铅矿中的铅可被钙和稀土代替，钼可被铀、钨、钒代替。

[晶系与形态] 晶体属四方晶系。钼铅矿的晶体呈板状、薄板状，少数呈锥状、柱状，单形常见，集合体呈板状（图12-23）。

[物理性质] 钼铅矿多呈黄色至橙红或褐色，条痕为黄白色；松脂光泽，断口油脂光泽，半透明，解理不完全，贝壳状断口；莫氏硬度为3.0，密度为6.5～7.0 g/cm^3。

[成因与产地] 钼铅矿是次生的铅矿物，产于铅和钼的氧化带中。

世界的著名产地有捷克波希米亚、摩洛哥、阿尔及利亚、澳大利亚新南威尔士、墨西哥阿乌马达、美国亚利桑那州等。

[用途] 钼铅矿石是国内外收藏家中流行的一种收藏品。

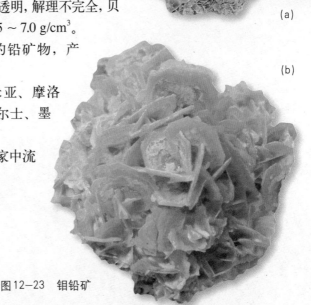

(a)

(b)

图12-23　钼铅矿

第十三章

孤岛状硅酸盐矿物

　　自然界出现的硅酸盐矿物种类繁多，目前已知的有600多种，约占矿物总数的25%，占地壳总质量的75%。硅氧配位四面体是硅酸盐的基本构造单元，它们以离子键与阳离子结合。根据硅氧四面体之间的联结方式，可分为岛状、环状、层状、链状（单链和双链）和架状硅酸盐亚类。

　　岛状硅酸盐矿物的骨干形式是孤立的[SiO_4]单四面体，其所有四个角顶上的氧均为活性氧（有部分电价未饱和），由它们再与其他金属阳离子（如镁、铁、铝、钛、锆等）相结合而组成整个晶格。岛状硅酸盐矿物以等轴状晶形为主，具硬度高、密度大、折射率高、无完全解理等特征。

1 宝石——硅铍石 (Phenakite)

[化学成分] 也称似晶石，化学式为Be_2SiO_4。硅铍石中常含有少量的镁、钙、铝、钠等元素。

[晶系与形态] 晶体属三方晶系。硅铍石的晶体呈菱面体或菱面体与柱面聚合而成的短柱状，集合体呈细粒状（图13-1）。

[物理性质] 硅铍石无色，或呈黄色、浅红色、褐色，条痕为白色；玻璃光泽，半透明至透明，中等解理，贝壳状断口；莫氏硬度为7.5～8.0，密度为2.9～3.0 g/cm³。

[成因] 硅铍石产于伟晶岩和蚀变岩石中。

[用途] 硅铍石被当作宝石。

图13-1　硅铍石

2 硅锌矿 (Willemite)

[化学成分] 化学式为Zn_2SiO_4。硅锌矿中含有锰、铁。

[晶系与形态] 晶体属三方晶系。硅锌矿的晶体呈带尖锥的六方柱状，但极少见，常见放射状、纤维状或钟乳状集合体，也有粒状集合体（图13-2）。

[物理性质] 硅锌矿无色，或呈带绿的黄色、带黄的褐色，含锰成分时则会呈浅红色，条痕为白色；玻璃光泽或珍珠光泽，半透明至透明，中等解理，贝壳状断口，脆性；莫氏硬度为5.0～6.0，密度为3.9～4.2 g/cm³。紫外光照射时，硅锌矿会发出黄绿色荧光。

[成因与产地] 硅锌矿通常产于铅锌矿床氧化带，系锌矿的次生矿物，常与异极矿、白铅矿等共生。硅锌矿也见于一些接触交代矿床中，其成分中常含有多量的锰，与红锌矿、锌铁尖晶石等组合。

宝石级的硅锌矿晶体来自美国新泽西州富兰克林斯梯尔林山，为绿色短粗柱状晶体和绿橙色块体，以及褐色锰硅锌矿的长柱状晶体。加拿大魁北克产有蓝色硅锌矿晶体。纳米比亚楚梅布产有硅锌矿无色小晶体及蓝色块体。此外，比利时、格陵兰岛、津巴布韦等地也有少量硅锌矿产出。

[用途] 硅锌矿可用于制取锌盐。

图13-2　硅锌矿

3 新矿物——锂铍石 (Liberite)

图 13-3 锂铍石

[化学成分] 化学式为 Li_2BeSiO_4。这是中国学者于 1964 年发现的新矿物。

[晶系与形态] 晶体属单斜晶系。锂铍石的晶体呈显微柱状，常见粒状集合体。

[物理性质] 锂铍石呈淡黄色或乳白色（图 13-3）；丝绢光泽，半透明至透明，中等解理，贝壳状断口；莫氏硬度为 7.0，密度为 2.7 g/cm³。

[成因与产地] 锂铍石产于灰岩与花岗岩的接触带中。目前，世界上仅在我国湖南香花岭发现有锂铍石。

[**用途**] 用作矿物收藏与研究。

4 橄榄石 (Olivine)

(a)

(b)

图 13-4 橄榄石

[化学成分] 橄榄石是矿物族的名称。化学通式是 R_2SiO_4，R 主要为二价阳离子镁、铁、锰。该矿物族包含镁橄榄石、铁橄榄石、锰橄榄石等 9 种矿物，以镁橄榄石和铁橄榄石较为常见。在不分矿物种的情况下，一般称为橄榄石。

[晶系与形态] 晶体属斜方晶系。橄榄石的晶体为短柱状，多呈粒状集合体（图 13-4）。

[物理性质] 随着铁含量的增多，橄榄石的颜色可由浅黄绿色至深绿色；玻璃光泽，透明至半透明，解理中等或不完全，常具贝壳状断口，脆性；莫氏硬度为 6.0 ～ 7.0，密度为 3.3 ～ 4.4 g/cm³。

淡黄色、透明、结晶完好的橄榄石称作贵橄榄石，是一种宝石。

[成因与产地] 橄榄石是组成上地幔的主要矿物，也是陨石和月岩的主要矿物成分。它作为主要造岩矿物，常见于基性和超基性火成岩中，还可产于镁矽卡岩中。橄榄石受热液作用蚀变成蛇纹石。

世界著名的优质橄榄石产地有埃及圣约翰岛、意大利维苏威火山、挪威斯纳鲁姆、德国艾费尔地区、美国亚利桑那州和新墨西哥州等。我国河北张家口的汉诺坝玄武岩包体中也有宝石级的橄榄石。

[**用途**] 透明色美的橄榄石可作宝石。

5 五颜六色的宝石——石榴石 (Garnet)

[化学成分] 石榴石是石榴石族矿物的统称。化学通式是 $A_3B_2(SiO_4)_3$，式中，A 代表二价阳离子，主要有镁、铁、锰和钙等阳离子；B 代表三价阳离子，主要有铝、铁、铬、钛等阳离子。石榴石族包括 30 多种矿物，如铁铝榴石、钙铝榴石、锰铝榴石、钙铁榴石、钙铬榴石等。在不分矿物种的情况下，一般称为石榴石。

[晶系与形态] 晶体属等轴晶系。石榴石晶形好，常呈菱形十二面体、四角三八面体或二者的聚形体（图 13-5），集合体呈致密块状或粒状。

[物理性质] 石榴石颜色变化大，有深红色、红褐色、棕绿色、黑色等；无解理，参差状断口，玻璃光泽至金刚光泽，断口为油脂光泽，半透明，脆性；莫氏硬度为 6.5 ~ 7.5，密度为 3.3 ~ 4.2 g/cm^3。

[成因] 石榴石在自然界分布广泛。镁铝榴石主要产于基性岩和超基性岩中。铁铝榴石常见于片岩和片麻岩中。钙铝榴石和钙铁榴石是矽卡岩的主要矿物。钙铬榴石产于超基性岩中。

[**用途**] 石榴石主要用作研磨材料。色彩鲜艳透明者可作宝石。

(a)

(b)

图 13-5　石榴石

6 铁铝榴石 (Almandine)

图13-6 铁铝榴石

[化学成分] 化学式为$Fe_3Al_2(SiO_4)_3$。

[晶系与形态] 晶体属等轴晶系。铁铝榴石的晶体常呈四角三八面体或菱形十二面体或二者的聚形，集合体呈粒状或致密块状（图13-6）。

[物理性质] 铁铝榴石通常呈红色、橙红色、紫红色、褐色、黑色，条痕为白色；玻璃光泽，断口呈油脂光泽，透明至半透明，无解理，贝壳状断口，脆性；莫氏硬度为7.5，密度为$4.1 \sim 4.3$ g/cm^3。

[成因与产地] 铁铝榴石是中温和高温的变质相矿物，主要产于区域变质岩、花岗岩和一些火成岩中。

世界的重要产地有我国台湾、美国、加拿大、英国、德国、奥地利等。

[用途] 铁铝榴石可用作研磨材料。颜色深红且透明者可作为宝石。

7 钙铝榴石 (Grossular)

图13-7 钙铝榴石

图13-8 贵榴石

[化学成分] 化学式为$Ca_3Al_2(SiO_4)_3$。钙铝榴石中含少量铁、铬、钛和锰。

[晶系与形态] 晶体属等轴晶系。钙铝榴石的晶体为十二面体状和偏八面体状，通常为粒状结构，常呈均质块状集合体（图13-7）。

[物理性质] 钙铝榴石呈暗红色、紫红色、玫瑰红或红橙色，条痕为棕白色；玻璃光泽，断口呈油脂光泽，透明至半透明，无解理，贝壳状断口；莫氏硬度为$6.5 \sim 7.5$，密度为$3.4 \sim 3.7$ g/cm^3。

[成因与产地] 钙铝榴石是一种高压矿物，出现在变质岩和极高压的火成岩中，如橄榄岩和金伯利岩。

世界上的主要产地是加拿大、斯里兰卡、巴基斯坦、俄罗斯、坦桑尼亚、南非和美国。

[用途] 含铬量高的钙铝榴石可以展现出变色宝石的效应，可作为宝石。脆性宝石界中最常见的深红色石榴石，称为贵榴石（图13-8）。

8 锰铝榴石 (Spessartine)

[化学成分] 化学式为 $Mn_3Al_2(SiO_4)_3$。

[晶系与形态] 晶体属等轴晶系。锰铝榴石的晶体多为菱形十二面、四角三八面体及二者之聚形 (图13-9)。

[物理性质] 锰铝榴石颜色极为丰富，随成分不同而有较大变化，主要有褐红色、红色、绿色等，条痕为白色；玻璃光泽，断口呈油脂光泽，透明至半透明，无解理，贝壳状断口，脆性；莫氏硬度为6.5 ~ 7.5，密度为 $3.6 ~ 4.5\ g/cm^3$。

[成因与产地] 锰铝榴石产出于花岗质伟晶岩中。

世界上的主要产地是斯里兰卡、缅甸、巴西和马达加斯加。供应宝石级锰铝榴石材料的地区包括美国加利福尼亚州、澳大利亚新南威尔士、纳米比亚，我国主要见于福建云霄、新疆阿勒泰。

[**用途**] 锰铝榴石可作为宝石。

图13-9 锰铝榴石

9 钙铁榴石 (Andradite)

[化学成分] 化学式为 $Ca_3Fe_2(SiO_4)_3$。

[晶系与形态] 晶体属等轴晶系。钙铁榴石的单晶呈十二面体，偏方锥面体、六八面体及其混合型。

[物理性质] 钙铁榴石以黄色、绿色、褐色和黑色为主，条痕为白色；玻璃光泽，断口呈油脂光泽，透明至半透明，无解理，贝壳状断口；莫氏硬度为6.6 ~ 7.5，密度为 $3.8 ~ 4.1\ g/cm^3$。

黑色者称为黑榴石 (图13-10)，黄色者称为黄榴石，绿色者称翠榴石 (图13-11)。

图13-10 黑榴石

[成因与产地] 钙铁榴石产于接触变质的石灰岩和大理岩、正长岩、蛇纹岩和绿泥石片岩中。

世界上主要产地为俄罗斯乌拉尔，与含金的矿砂及变质岩共生。其他产地有意大利北部、扎伊尔和肯尼亚。

[**用途**] 钙铁榴石可作为宝石，也用作研磨材料。

图13-11 翠榴石

10 钙铬榴石 (Uvarovite)

图13-12 钙铬榴石

[化学成分] 化学式为 $Ca_3Cr_2(SiO_4)_3$。

[晶系与形态] 晶体属等轴晶系。钙铬榴石的单晶呈十二面体，偏方锥面体、六八面体及其混合型，集合体呈细粒状（图13-12）。

[物理性质] 钙铬榴石多呈深绿色、黄绿色、浅绿色，条痕为白色；玻璃光泽，断口呈油脂光泽，透明至半透明，无解理，贝壳状断口；莫氏硬度为7.5，密度为3.8 g/cm³。

[成因与产地] 钙铬榴石产于蛇纹岩或矽卡岩中。

世界的主要产地有俄罗斯乌拉尔，以及芬兰、美国、法国、挪威、南非、土耳其和意大利等地。

[用途] 钙铬榴石可作为宝石，也用作研磨材料。

11 锆石 (Zircon)

[化学成分] 化学式为 $Zr[SiO_4]$。锆石中常含铪、稀土元素、铌、钽、钍等。

[晶系与形态] 晶体属四方晶系。锆石的晶体呈四方双锥状、柱状、板状（图13-13）。

[物理性质] 锆石无色，或呈紫红色、黄褐色、淡黄色、淡红色、绿色等，条痕为白色；金刚光泽，透明至半透明，无解理，具较强的脆性；莫氏硬度为7.5～8.0，密度为4.4～4.8 g/cm³。

[成因与产地] 锆石在各种火成岩中作为副矿物产出。在碱性岩和碱性伟晶岩中可富集成矿，也常富集于砂矿中。

世界的著名产地有挪威南部和俄罗斯乌拉尔。重要的宝石级锆石产于老挝、柬埔寨、缅甸、泰国等地。我国东部的碱性玄武岩中也产有宝石级锆石。

[用途] 锆石是提取锆和铪最重要的矿物原料。

图13-13 锆石

> ### 知识链接
> #### 稀有金属——锆
>
> 锆是一种稀有金属，具有惊人的抗腐蚀性能、极高的熔点、超高的硬度和强度等特性，被广泛应用在航空航天、军工、核反应、原子能等领域。钢里只要加进千分之一的锆，硬度和强度就会惊人地提高。含锆的装甲钢、大炮锻件钢、不锈钢和耐热钢等，是制造装甲车、坦克、大炮和防弹板等武器的重要材料。

12 宝石——蓝柱石 (Euclase)

[化学成分] 化学式为BeAlSiO$_4$(OH)。

[晶系与形态] 晶体属单斜晶系。蓝柱石的晶体呈柱状（图13-14）。

[物理性质] 蓝柱石无色，或呈白色、淡绿色或蓝色，条痕为白色；玻璃光泽，透明至半透明，解理完全，贝壳状断口；莫氏硬度为7.5～8.0，密度为3.1 g/cm^3。

[成因与产地] 蓝柱石产于伟晶岩中，与黄色托帕石伴生。

世界的主要产地有巴西米纳斯吉拉斯州、俄罗斯乌拉尔、坦桑尼亚和哥伦比亚等地。

[用途] 蓝柱石是一种宝石。蓝柱石还可用于提取金属铍。

图13-14　蓝柱石

13 高级耐火材料——硅线石 (Sillimanite)

[化学成分] 化学式为Al$_2$SiO$_5$。硅线石中有少量铁代替铝，可含微量钛、钙、铁、锰等。

[晶系与形态] 晶体属斜方晶系。硅线石的晶体呈柱状、针状，集合体呈纤维状（图13-15）。

[物理性质] 硅线石呈白色、灰白色，也可呈浅褐色、浅绿色、浅蓝色，条痕为白色；玻璃光泽或丝绢光泽，透明至半透明，板面解理完全，贝壳状断口；莫氏硬度为7.5，密度为3.2～3.3 g/cm^3。

[成因] 硅线石是典型的高温变质矿物，由富铝的泥质岩石经高级区域变质作用而成，产于结晶片岩、片麻岩中，也见于富铝岩石同火成岩的接触带中。

[用途] 当加热到1 500℃左右时，硅线石变为莫来石，可用作高级耐火材料。

图13-15　硅线石

14 高级耐火材料——红柱石 (Andalusite)

图13-16 菊花石

[化学成分] 化学式为Al_2SiO_5。

[晶系与形态] 晶体属斜方晶系。红柱石的晶体呈柱状，横断面接近四方形，集合体呈放射状或粒状。呈放射状的，俗称菊花石（图13-16）。

[物理性质] 红柱石呈粉红色、红褐色或灰白色，条痕为白色；玻璃光泽，柱面解理中等；莫氏硬度为$6.5 \sim 7.5$，密度为$3.2 \ g/cm^3$。

红柱石在生长过程中俘获部分碳质和黏土矿物，在晶体内部定向排列，在横断面上呈十字形，俗称空晶石。

[成因与产地] 红柱石常见于泥质岩和侵入岩的接触变质带中。

世界的著名产地有西班牙的安达卢西亚、奥地利的蒂罗尔州、巴西的米纳斯吉拉斯等。我国北京的西山盛产放射状的红柱石。

[用途] 红柱石可用作高级耐火材料。菊花石是美丽的观赏石。

15 软硬不一的矿物——蓝晶石 (Kyanite)

图13-17 蓝晶石

[化学成分] 化学式为Al_2SiO_5。蓝晶石与红柱石、硅线石呈同质多象。

[晶系与形态] 晶体属三斜晶系。蓝晶石的晶体呈扁平的板条状，常呈柱状晶形，可见双晶，有时呈放射状集合体（图13-17）。

[物理性质] 蓝晶石多呈蓝色、带蓝的白色、青色，条痕为白色；玻璃光泽，透明至半透明，解理完全，贝壳状断口。蓝晶石晶体不同方向上的硬度不同，平行晶体伸长方向上莫氏硬度为4.5，垂直方向上莫氏硬度为6.0；密度为$3.5 \sim 3.7 \ g/cm^3$。

[成因与产地] 蓝晶石主要产于区域变质结晶片岩中，其变质相由绿片岩相到角闪岩相。

世界的知名产地有瑞士、奥地利。

[**用途**] 蓝晶石常用于制作宝石戒面、手链、项链。当加热到1 300℃时，蓝晶石变为莫来石，是高级耐火材料。蓝晶石也可用于提取铝。

16 十字石 (*Staurolite*)

[化学成分] 化学式为$Fe_2Al_9Si_4O_{23}(OH)$。

[晶系与形态] 晶体属单斜晶系。十字石的晶体通常粗大，呈短柱状，十字形贯穿双晶常见，因此而得名（图13-18）。

[物理性质] 十字石多呈棕红色、红褐色、淡黄褐色或黑色；玻璃光泽；莫氏硬度为7.5，密度为3.7～3.8 g/cm³。

[成因] 十字石常产于富铁、铝质的泥质岩石的区域变质岩中，如云母片岩、千枚岩、片麻岩等。

[**用途**] 透明的十字石可作为宝石。

图13-18　十字石

17 贵重宝石——黄玉 (黄晶、托帕石) (*Topaz*)

[化学成分] 化学式为$Al_2SiO_4(F,OH)_2$。

[晶系与形态] 晶体属斜方晶系。黄玉的晶体通常呈短柱状，柱面有纵纹，多呈粒状或块状集合体（图13-19）。

[物理性质] 黄玉无色，或呈黄、蓝、红等色；玻璃光泽，透明至不透明，一组与柱面垂直的完全解理；莫氏硬度为8.0，密度为3.4～3.6 g/cm³。

[成因与产地] 黄玉是典型的气成热液矿物，产于花岗伟晶岩、酸性火山岩的晶洞、云英岩和高温热液钨锡石英脉中。

世界的著名产地有巴西、俄罗斯乌拉尔、巴基斯坦卡特朗。我国内蒙古和江西等地也有出产。

[**用途**] 黄玉可用作轴承及研磨材料，质佳者可作为贵重宝石（图13-20）。

图13-19　黄玉

(a)　　　　(b)

图13-20　黄玉宝石

18　粒硅镁石 (Chondrodite)

[化学成分] 化学式为 $(Mg,Fe)_5(SiO_4)_2(F,OH)_2$。

[晶系与形态] 晶体属单斜晶系。粒硅镁石的晶体呈板柱状，集合体常呈粒状（图13-21）。

[物理性质] 粒硅镁石多呈黄色、褐色、红色，条痕为灰色；透明至不透明，玻璃光泽，解理完全，贝壳状断口；莫氏硬度为6.0～6.5，密度为3.1～3.2 g/cm^3。

[成因与产地] 粒硅镁石主要产于接触交代变质带，与硅镁石等共生。

宝石级的粒硅镁石主要产自美国纽约州替利弗斯特矿山、瑞典帕加斯和芬兰。

[用途] 精美的粒硅镁石红褐色晶体和黄色晶体可作宝石。

图13-21　粒硅镁石

19　硅镁石 (Humite)

[化学成分] 化学式为 $(Mg,Fe)_7(SiO_4)_3(F,OH)_2$。

[晶系与形态] 晶体属斜方晶系。硅镁石的晶体呈桶状，常见有聚片双晶，常呈粒状集合体（图13-22）。

[物理性质] 硅镁石多呈淡黄色、黄褐色、棕色、红色和白色，条痕为白色；透明至不透明，玻璃光泽，解理不完全，贝壳状断口；莫氏硬度为6.0～6.5，密度为3.1～3.2 g/cm^3。

[成因与产地] 硅镁石分布于白云岩或白云质灰岩与中酸性侵入体的接触带。

世界的著名产地有意大利的蒙特索马、芬兰的巴拉古斯、瑞典的卡韦尔托普等。

[用途] 优质的硅镁石晶体可作宝石。

图13-22　硅镁石

20　硬绿泥石 (Chloritoid)

[化学成分] 化学式为 $FeAl_2O(SiO_4)(OH)_2$。硬绿泥石的成分变化较大，常含有钙和钛。

[晶系与形态] 晶体属三斜晶系。硬绿泥石的晶体呈

假六方片状，通常以鳞片状或玫瑰花形集合体产出（图13-23）。

[物理性质] 硬绿泥石的颜色为深灰色，或从浅绿色至绿黑色，条痕为无色、绿色、灰色；透明至不透明，玻璃光泽，解理面上可见珍珠光泽，解理不完全，参差状断口；莫氏硬度为6.5，密度为3.5～3.6 g/cm³。

[成因与产地] 硬绿泥石形成于区域变质形成的岩石中，如片岩和千枚岩，还形成于伟晶岩中，伴生矿物有白云母、绿泥石、石榴子石、十字石和蓝晶石。

世界的著名产地为瑞典。

[用途] 用作矿物研究与收藏。

图13-23　硬绿泥石

21　榍石 (*Titanite*)

[化学成分] 化学式为$CaTiSiO_5$。榍石的成分中经常有类质同象混入物而形成变种，如含钇的称钇榍石，含锰的称红榍石。

[晶系与形态] 晶体属单斜晶系。榍石的晶体呈扁平的楔形（图13-24），横断面为菱形，常有双晶。

[物理性质] 榍石可呈蜜黄色、褐色、绿色、黑色、玫瑰色等，条痕为浅红色、白色；透明至不透明，金刚光泽，解理面呈树脂光泽，解理完全，贝壳状断口；莫氏硬度为5.0，密度为3.5～3.6 g/cm³。

[成因与产地] 榍石常作为副矿物产于岩浆岩中，在碱性伟晶岩中常见粗大的晶体，常形成砂矿。

世界的著名产地是俄罗斯的科拉半岛。

[用途] 榍石可用来提炼钛，也可当作宝石。

图13-24　榍石

22　蓝线石 (*Dumortierite*)

[化学成分] 化学式为$Al_7(BO_3)(SiO_4)_3O_3$。蓝线石中常含铁和钛。

[晶系与形态] 晶体属斜方晶系。蓝线石的晶体呈页片状、针状、假六方状、纤维状或柱状，集合体呈束状（图13-25）。

图13-25　蓝线石

[物理性质] 蓝线石呈蓝色至紫色，条痕为白色；透明至半透明，玻璃光泽，解理完全，断口参差状；莫氏硬度为8.5，密度为3.3 ～ 3.4 g/cm^3。

[成因与产地] 蓝线石产于富含铝的变质岩及伟晶岩中。

世界的主要产地有美国、加拿大、法国、意大利、马达加斯加等。

[用途] 在工业上，蓝线石可用来制作熔炉的内层。

㉓ 硅钙硼石 (Datolite)

图13-26 硅钙硼石

[化学成分] 化学式为$CaBSiO_4(OH)$。

[晶系与形态] 晶体属单斜晶系。硅钙硼石的晶形呈短柱状、厚板状（图13-26）。

[物理性质] 硅钙硼石呈蓝色、紫色，条痕为白色；透明至半透明，玻璃光泽，无解理，断口参差状；莫氏硬度为5.5，密度为2.8 ～ 3.0 g/cm^3。

[成因] 硅钙硼石是基性岩浆岩中的次生矿物，常见于基性侵入岩脉及伟晶岩中；亦见于火山岩杏仁体中，与葡萄石、沸石等共生；大量富集是在接触交代钙矽卡岩中，与赛黄晶、斧石、方解石、石榴石、辉石等矿物共生。

[用途] 用作矿物研究与收藏。

㉔ 硅铍钇矿 (Gadolinite-(Y))

图13-27 硅铍钇矿

[化学成分] 化学式为$Y_2FeBe_2(SiO_4)_2O_2$。硅铍钇矿中常含其他稀土元素和钍等。

[晶系与形态] 晶体属单斜晶系。硅铍钇矿的晶体呈柱状或扁柱状，集合体呈散粒状或致密状（图13-27）。

[物理性质] 硅铍钇矿多呈黑色或绿黑色，条痕为浅绿色、灰色；半透明至不透明，玻璃光泽，无解理，断口参差状；莫氏硬度为6.5 ～ 7.0，密度为4.0 ～ 4.5 g/cm^3。硅铍钇矿具放射性。

[成因] 硅铍钇矿产于富碱土元素的伟晶岩脉中。

[用途] 硅铍钇矿是提取钇的矿物原料。

第十四章

双岛状硅酸盐矿物

双岛状硅酸盐矿物的骨干形式是由两个硅氧四面体共用一个角顶而组成的双四面体。双岛状硅酸盐矿物的晶体外形往往具有一向延长的特征。矿物的硬度、折射率稍偏低，并表现出稍大的异向性。含水或具有附加阴离子氢氧根和氟的双岛状硅酸盐矿物，其硬度、密度、折射率都有所降低。

1 钟乳状的矿物——异极矿 (Hemimorphite)

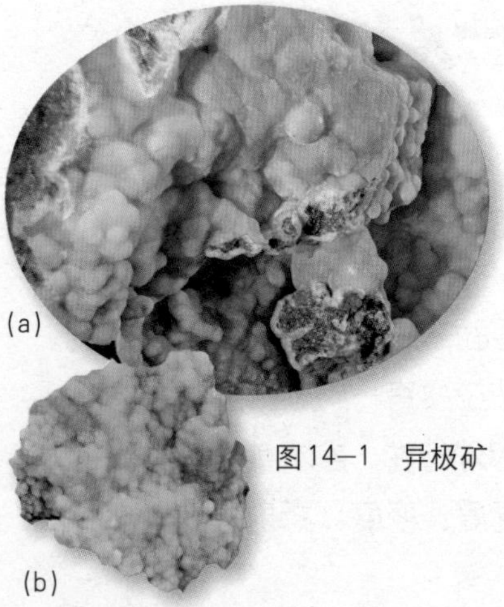

图14-1 异极矿

[化学成分] 化学式为 $Zn_4Si_2O_7(OH)_2 \cdot H_2O$。异极矿中通常含有铅、铁、钙等。

[晶系与形态] 晶体属斜方晶系。异极矿的晶体为板状，集合体呈肾状、皮壳状、放射状、钟乳状、纤维状、球状等（图14-1）。

[物理性质] 异极矿无色或呈淡蓝色，也可呈白色、灰色、浅绿色、浅黄色、褐色、棕色等，条痕为灰色；透明至半透明，玻璃光泽，共有三组解理，一组完全解理，两组不完全解理，贝壳状断口；莫氏硬度为5.0，密度为 $3.4 \sim 3.5$ g/cm^3。

[成因与产地] 异极矿主要产于铅锌矿床的氧化带，是一种次生氧化矿物，呈脉状产出。它通常产于石灰岩内，与闪锌矿、菱锌矿、白铅矿、褐铁矿等共生，有时呈萤石、菱锌矿、方解石、方铅矿假象。

美国、墨西哥、刚果、德国、奥地利，我国云南、广西、贵州等地，都有异极矿产出。

[用途] 异极矿是提取锌的矿物原料。

2 铁斧石 (Axinite-(Fe))

[化学成分] 化学式为 $Ca_4Fe_2Al_4(B_2Si_8O_{30})(OH)_2$。

[晶系与形态] 晶体属三斜晶系。铁斧石的晶体呈板状（图14-2）。

图14-2 铁斧石

[物理性质] 铁斧石多呈褐色、紫褐色、紫色、褐黄色、蓝色，条痕为白色；透明至半透明，玻璃光泽，中等解理，贝壳状断口；莫氏硬度为 $6.5 \sim 7.0$，密度为3.3 g/cm^3。

[成因与产地] 铁斧石主要是接触变质作用和交代作用的产物，常与方解石、石英、阳起石等伴生。

优质铁斧石主要产于法国阿尔卑斯山和澳大利亚塔斯马尼亚州。

[用途] 铁斧石可琢磨成美丽的刻面宝石，但容易破损，因此多用于收藏。

③ 黑柱石 (llvaite)

[化学成分] 化学式为$CaFe^{3+}Fe^{2+}_2O(Si_2O_7)(OH)$。

[晶系与形态] 晶体属斜方晶系。黑柱石的晶体呈柱状，柱面上具纵纹，集合体通常呈粒状或块状（图14-3）。

[物理性质] 黑柱石呈黑色，条痕为棕黑色；不透明，亚金属光泽，中等解理，不平坦断口；莫氏硬度为5.5～6.0，密度为3.8～4.1 g/cm³。

[成因] 黑柱石产于接触交代铁矿床中，与钙铁榴石、钙铁辉石等矽卡岩矿物共生。

[用途] 用作矿物研究与收藏。

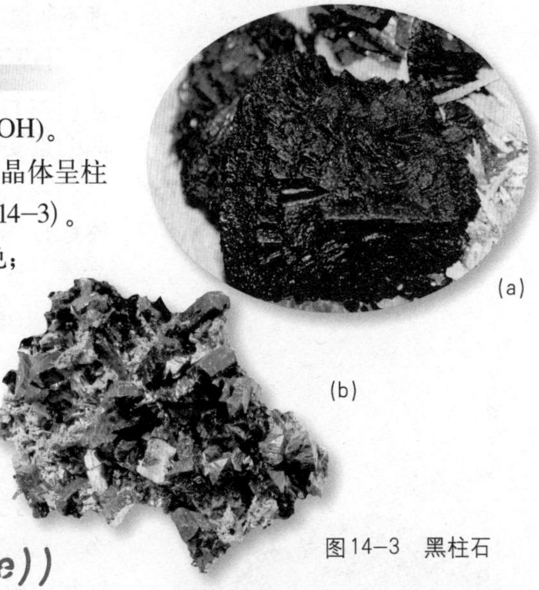

图14-3　黑柱石

④ 硅钛铈矿 (Chevkinite-(Ce))

[化学成分] 化学式为$Ce_4(Ti, Fe^{2+}, Fe^{3+})_5O_8(Si_2O_7)_2$。

[晶系与形态] 晶体属单斜晶系。硅钛铈矿的晶体呈柱状，集合体通常呈粒状或块状（图14-4）。

[物理性质] 硅钛铈矿多呈棕黑色、棕红色，条痕为黑色；半透明至不透明，亚金属光泽，无解理，贝壳状断口；莫氏硬度为5.0～5.5，密度为4.5 g/cm³。

[成因与产地] 硅钛铈矿是含钛和稀土岩石的次生矿物，有些是花岗岩的副矿物。

我国内蒙古的白云鄂博有硅钛铈矿产出。

[用途] 用作矿物研究与收藏。

图14-4　硅钛铈矿

⑤ 刻面宝石——赛黄晶 (Danburite)

[化学成分] 化学式为$CaB_2Si_2O_8$。

[晶系与形态] 晶体属斜方晶系。赛黄晶的晶体常呈短柱状，顶端楔形，晶面具纵纹，可形成晶簇，集合体呈块状或粒状（图14-5）。

[物理性质] 赛黄晶无色，或呈白色、粉色、黄色、淡紫色，条痕为白色；半透明至透明，玻璃光泽至油脂光泽，解

图14-5　赛黄晶

理不明显，贝壳状断口；莫氏硬度为7.0，密度为3.0 g/cm³。

[成因与产地] 赛黄晶产自变质灰岩和低温热液中，在白云石中与微斜长石和正长石共生。冲积砂矿是赛黄晶的重要来源地。

宝石级赛黄晶晶体来自马达加斯加，黄色和无色晶体产自缅甸抹谷地区，墨西哥产有无色和粉红色赛黄晶晶体，日本也产有无色赛黄晶晶体。

[用途] 赛黄晶一般磨制成刻面宝石，用于收藏。

6 斜黝帘石 (Clinozoisite)

图14-6　斜黝帘石

[化学成分] 化学式为$Ca_2Al_3(Si_2O_7)(SiO_4)O(OH)$。

[晶系与形态] 晶体属单斜晶系。斜黝帘石的晶体呈柱状或板状，常见粒状和放射状集合体（图14-6）。

[物理性质] 斜黝帘石多呈灰色、浅黄色、浅绿色、褐绿色等，条痕为灰白色；半透明至透明，玻璃光泽，解理完全，不平坦断口；莫氏硬度为7.0，密度为 $3.3 \sim 3.4$ g/cm³。

[成因] 斜黝帘石产自变质岩和接触变质岩中。

[用途] 透明的斜黝帘石晶体用作矿物收藏。

7 绿帘石 (Epidote)

图14-7　绿帘石

[化学成分] 化学式为$Ca_2(Al,Fe)_3(Si_2O_7)(SiO_4)O(OH)$。

[晶系与形态] 晶体属单斜晶系。绿帘石通常呈柱状或块状集合体，常发育晶面纵纹（图14-7）。

[物理性质] 绿帘石呈浅至深绿至棕褐色、黄色、黑色等，条痕为灰白色；透明至半透明，玻璃光泽至油脂光泽，解理完全，不平坦断口；莫氏硬度为 $6.0 \sim 6.5$，密度为 $3.4 \sim 3.5$ g/cm³。

[成因与产地] 绿帘石的形成与热液作用有关。它广泛分布于变质岩、矽卡岩和受热液作用的各种火成岩中，也可从热液中直接结晶。

我国河北邯郸产有结晶粗大的绿帘石。此外，美国阿拉斯加州、爱达荷州及科罗拉多州，以及墨西哥、瑞士、奥地利、巴基斯坦和法国的布贺多桑思也产出漂亮的绿帘石晶体。

[**用途**] 透明的绿帘石晶体用作宝石和矿物收藏。

⑧ 红帘石 (*Piemontite*)

[化学成分] 化学式为$Ca_2(Al,Mn)_3(Si_2O_7)(SiO_4)O(OH)$。

[晶系与形态] 晶体属单斜晶系。红帘石通常呈柱状或块状集合体（图14-8）。

[物理性质] 红帘石呈黄色、胭脂红色、红色、棕红色、黑红色，条痕为红色；半透明，玻璃光泽，解理完全，参差状断口；莫氏硬度为6.0～7.0，密度为3.4 g/cm³。

[成因] 红帘石分布于变质岩中。

[用途] 透明的红帘石晶体可用作宝石和矿物收藏。

⑨ 坦桑石——黝帘石 (*Zoisite*)

图14-8 红帘石

[化学成分] 化学式为$Ca_2Al_3(Si_2O_7)(SiO_4)O(OH)$。黝帘石中常含锰、铁等元素。

[晶系与形态] 晶体属斜方晶系。黝帘石通常呈柱状或块状集合体（图14-9，10）。

图14-9 黝帘石

图14-10 锰黝帘石

图14-11　坦桑石

[物理性质] 黝帘石常见带褐色调的绿蓝色，还有灰色、褐色、黄色、绿色等，条痕为白色；透明至不透明，玻璃光泽，解理不发育，平坦状断口；莫氏硬度为6.0，密度为3.4 g/cm³。

蓝紫色的宝石级黝帘石，称坦桑石（图14-11）。

[成因与产地] 黝帘石分布于变质岩和伟晶岩中。

坦桑石是在非洲的坦桑尼亚发现的。它出产于坦桑尼亚北部城市阿鲁沙附近、世界著名的乞力马扎罗山脚下。宝石级黝帘石的产地有坦桑尼亚、格陵兰、奥地利、瑞士等。

[**用途**] 色泽美丽、透明的黝帘石可作为宝石。

10　铈褐帘石 (Allanite-(Ce))

[化学成分] 化学式为$CaCe(Al,Fe)_3(Si_2O_7)(SiO_4)O(OH)$。铈褐帘石中常含钙、钇、钍等元素。

[晶系与形态] 晶体属单斜晶系。铈褐帘石的晶体呈棒状、厚板状，常呈浸染粒状和致密块状集合体（图14-12）。

[物理性质] 铈褐帘石呈褐色或沥青黑色，偶尔为黄色、红褐色，条痕为浅棕色；半透明至不透明，玻璃光泽至油脂光泽，解理完全，贝壳状断口；莫氏硬度为5.5 ~ 6.0，密度为3.3 ~ 4.2 g/cm³。铈褐帘石具放射性。

[成因] 铈褐帘石产于酸性岩浆岩，如花岗岩、正长岩和伟晶岩中，也见于片麻岩和少量结晶片岩中，还见于矽卡岩中。

[**用途**] 在工业上，铈褐帘石是提取稀土元素及钍等的重要原料。因具有放射性，铈褐帘石不宜用来制作首饰。

图14-12　铈褐帘石

11　符山石 (Vesuvianite)

[化学成分] 化学式为$(Ca,Na)_{19}(Al,Mg,Fe)_{13}(SiO_4)_{10}(Si_2O_7)_4(OH,F,O)_{10}$。符山石中常含铜、铁等元素。

[晶系与形态] 晶体属四方晶系。符山石的晶形常呈四方柱和四方双锥聚形，柱面有纵纹，也常呈柱状、放射状、致密块状集合体（图14-13）。

[物理性质] 符山石呈黄绿色、棕黄色、浅蓝至绿蓝色、绿色、黄色、白色，条痕为白色；半透明，玻璃光泽至树脂光泽，解理不完全，贝壳状断口；莫氏硬度为6.5，密度为3.4 g/cm³。

[成因与产地] 符山石主要产于接触交代的矽卡岩中，是标准的接触变质矿物。

在巴基斯坦、挪威、美国等地有符山石产出。美国加利福尼亚州所产绿色、黄绿色致密块状的符山石，质地细腻，称为加州玉。我国河北邯郸有巨大符山石晶体产出。

[**用途**] 色泽美丽、透明的符山石可作为宝石。

图14-13　符山石

第十五章

环状硅酸盐矿物

　　环状硅酸盐矿物是具有由有限的若干个硅氧四面体，以角顶相连而构成封闭环状硅氧骨干的硅酸盐矿物。其硅氧骨干按组成环的四面体个数，有三元环、四元环、六元环、八元环、九元环和十二元环之分。环与环之间通过活性氧与其他金属阳离子（主要有镁、铁、铝、锰、钙、钠、钾等）的成键而相互维系，环的中心为较大的空隙，常为氢氧根、水分子或大半径阳离子所占据。环状硅酸盐矿物以柱状为主，具硬度高、密度中等等特征。

1 珍贵宝石——蓝锥矿 (Benitoite)

[化学成分] 化学式为 $BaTiSi_3O_9$。

[晶系与形态] 晶体属六方晶系。蓝锥矿的晶体呈板状或柱状（图15-1）。

[物理性质] 蓝锥矿呈蓝色至紫色、无色，条痕为白色；玻璃光泽，透明至半透明，一组不完全解理，贝壳状断口；莫氏硬度为 $6.0 \sim 6.5$，密度为 $3.6 \ g/cm^3$。在短波紫外光下，蓝锥矿发明亮的蓝光。在长波紫外光下，无色的蓝锥矿发暗淡的红光。

[成因与产地] 蓝锥矿主要产于变质岩中。

世界的主要产地在美国的加利福尼亚州。

[用途] 蓝锥矿中色泽美丽者是珍贵的宝石。

图15-1 蓝锥矿

2 包头矿 (Baotite)

[化学成分] 化学式为 $Ba_4(Ti,Nb)_8Si_4O_{28}Cl$。包头矿中含有铁、稀土和氟、钾、钠等元素。

[晶系与形态] 晶体属四方晶系。包头矿的晶体呈正方柱状或块状（图15-2）。

[物理性质] 包头矿呈浅棕色、黑色；玻璃光泽，透明至半透明，解理明显，锯齿状断口；莫氏硬度为 6.0，密度为 $4.4 \sim 4.7 \ g/cm^3$。

[成因与产地] 包头矿产于与碱性岩及正长岩侵入体有关的石英脉中。

1959年，包头矿发现于我国内蒙古的白云鄂博。

[用途] 包头矿是提取铌的矿物原料。

图15-2 包头矿

图15-3　绿柱石

图15-4　祖母绿

3　宝石矿物——绿柱石（绿宝石、祖母绿、海蓝宝石）（Beryl）

[化学成分]　化学式为$Be_3Al_2Si_6O_{18}$。绿柱石中常含铯、铬、铁等元素。

[晶系与形态]　晶体属六方晶系。绿柱石的晶体常呈六方柱，柱面上有纵纹，集合体有时呈晶簇或针状（图15-3）。

[物理性质]　绿柱石多呈浅绿色，条痕为白色；玻璃光泽至树脂光泽，透明至半透明，解理不明显，贝壳状断口；莫氏硬度为7.5～8.0，密度为2.6～2.9 g/cm^3。

绿柱石的成分中富含铯时，呈粉红色，称为玫瑰绿柱石；含铬时，呈鲜艳的翠绿色，称为祖母绿（图15-4）；含二价铁时，呈淡蓝色，称为海蓝宝石（图15-5）；含少量三价铁时，呈黄色，称为黄绿宝石。

[成因与产地]　绿柱石主要产于花岗伟晶岩中，云英岩及高温热液脉中也有产出。

祖母绿的主要产地有哥伦比亚、俄罗斯、巴西、印度、南非、津巴布韦等。目前，国际市场上最多见的祖母绿来自哥伦比亚、巴西和赞比亚。

[用途]　绿柱石是提炼铍的主要矿物原料。色泽美丽者是珍贵的宝石，如祖母绿、海蓝宝石。

知识链接

宇航材料——铍

　　铍是优秀的宇航材料。制造火箭和卫星的结构材料要求重量轻、强度大。铍比常用的铝和钛都轻，强度却是钢的四倍。铍的吸热能力强，机械性能稳定。在原子反应堆里，铍对快中子有很强的减速作用，可以使裂变反应连续不断地进行，因此，铍是原子反应堆中最好的中子减速剂。

(a)

(b)

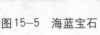

图15-5　海蓝宝石

④ 深绿色宝石——透视石 (Dioptase)

[化学成分] 透视石或译为翠铜矿、绿铜矿。化学式为$CuSiO_3 \cdot H_2O$。

[晶系与形态] 晶体属三方晶系。透视石的晶体呈短柱状，集合体呈粒状、块状、皮壳状。

[物理性质] 透视石呈深绿色（图15-6）、蓝绿色，条痕为绿色；玻璃光泽至油脂光泽，透明至半透明，解理明显，贝壳状断口；莫氏硬度为5.0，密度为3.3～3.4 g/cm³。

[成因与产地] 透视石为次生矿物，产出于铜矿床近地表部位。

世界的主要产地分布在非洲某些地区。

[用途] 透视石的深绿色可与祖母绿媲美，是常见的矿物收藏品。好的晶体可切割成小的类祖母绿宝石。但透视石的硬度较低，有解理，不能用超声方法清洗，否则容易碎裂。其粉末可用作绘画颜料。

(a)

(b)

图15-6 透视石

⑤ 堇青石 (Cordierite)

[化学成分] 化学式为$(Mg,Fe)_2Al_4Si_5O_{18}$。

[晶系与形态] 晶体属斜方晶系。堇青石的晶体呈短柱状或块状（图15-7）。

[物理性质] 堇青石呈蓝色、浅蓝色、浅紫色、浅黄色，条痕为白色；玻璃光泽，透明至半透明，解理不明显，贝壳状断口；莫氏硬度为7.0～7.5，密度为2.5～2.8 g/cm³。

[成因与产地] 堇青石产于片岩、片麻岩及蚀变火成岩中。

世界的主要产地为巴西、印度、斯里兰卡、缅甸、马达加斯加，以及我国台湾。

[用途] 漂亮的堇青石晶体可作为宝石。人工可以合成镁堇青石，用于耐火材料。

图15-7 堇青石

⑥ 压电材料——电气石（碧玺、托玛琳）（Tourmaline）

　　[化学成分] 电气石是矿物族名。化学通式为 $NaR_3Al_6Si_6O_{18}(BO_3)_3(OH,F)_4$，式中，R 代表金属阳离子镁、铁、锂、铝、钙、钠等。

　　[晶系与形态] 晶体属三方晶系。电气石的晶体呈近三角形的柱状，两端晶形不同，柱面具纵纹，常呈柱状、针状、放射状和块状集合体（图15-8）。

　　[物理性质] 电气石的颜色多变，富铁者呈黑色，富锂、锰、铯者呈玫瑰色或深蓝色，富镁者呈褐色或黄色，富铬者呈深绿色；玻璃光泽，断口松脂光泽，半透明至透明，无解理；莫氏硬度为7.0～7.5，密度为3.0～3.3 g/cm^3。有压电性。

　　[成因与产地] 电气石多与气成作用有关，一般产于花岗伟晶岩中，也产于交代作用形成的变质岩中。

　　缅甸产出红色电气石，斯里兰卡产出黄色和褐色电气石，巴西产出的绿色电气石很有名，美国、俄罗斯、非洲各国也盛产各种颜色的电气石。在我国，新疆、内蒙古、山西、河北、广西、云南出产电气石较多。

　　[用途] 具压电性的电气石晶体可用于无线电工业。色泽鲜艳者可作为宝石。

(c)

(b)

(a)

图15-8　电气石

7 淡紫色宝石——锂电气石 (Elbaite)

[化学成分] 化学式为$Na(Li,Al)_3Al_6Si_6O_{18}(BO_3)_3(OH)_4$。

[晶系与形态] 晶体属三方晶系。锂电气石的晶体呈近三角形的柱状，两端晶形不同，柱面具纵纹，常呈柱状、针状、放射状集合体（图15-9）。

[物理性质] 锂电气石呈玫瑰色、蓝色、绿色、黄色、白色、淡紫色，条痕为白色；玻璃光泽，透明、半透明至不透明，解理不明显，亚贝壳状断口；莫氏硬度为7.5，密度为$2.9 \sim 3.2 \text{ g/cm}^3$。锂电气石具有压电性。

[成因与产地] 锂电气石产于花岗伟晶岩及气成热液矿床中。

宝石级的锂电气石主要出产于巴西、俄罗斯、斯里兰卡、缅甸和美国等。我国西部和东北部地区的锂电气石资源丰富，如新疆、内蒙古、辽宁、广西、云南等省区。

[用途] 锂电气石中透明色泽鲜艳者可作为宝石。同时，锂电气石具有热电性、压电性、自发电极、红外辐射等独特而重要的性质，可以广泛应用于电子、化工、环保及人体保健等领域。

(c)

(a)　　　　　　　(b)

图15-9　锂电气石

8 宝石矿物——杉石 (舒俱来石) (Sugilite)

[化学成分] 化学式为$KNa_2(Fe,Mn,Al)_2Li_3Si_{12}O_{30}$。

[晶系与形态] 晶体属六方晶系。杉石的晶体呈柱状，常呈粒状集合体。

[物理性质] 杉石呈浅紫色、紫色、白色，条痕为白色；玻璃光泽，透明至半透明，解理不明显，贝壳状断口；莫氏硬度为6.0～6.5，密度为2.7 g/cm³。

[成因与产地] 杉石产于变质锰矿床和过碱性岩中。

杉石最初发现于日本。目前，世界上的产地仅有南非、日本和美国。

[用途] 透明、色泽鲜艳者可作为宝石（图15-10）。

图15-10 杉石

9 异性石 (Eudialyte)

[化学成分] 化学式为$Na_{15}Ca_6Fe_3Zr_3Si(Si_{25}O_{73})$ $(O,OH,H_2O)_3(Cl,OH)_2$。异性石中常含稀土元素。

[晶系与形态] 晶体属三方晶系。异性石的晶体呈菱面体或板状（图15-11）。

[物理性质] 异性石呈玫瑰红或红色、紫色、黄色、黄棕色，条痕为白色；玻璃光泽至油脂光泽，透明至半透明，解理不完全，不平坦断口；莫氏硬度为5.0～5.5，密度为2.8～3.0 g/cm³。

[成因与产地] 异性石产于霞石正长岩中。

在俄罗斯和我国辽宁有异性石产出。

[用途] 异性石是提取锆的矿石矿物。漂亮的异性石晶体可用作矿物收藏。

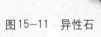

图15-11 异性石

第十六章

链状硅酸盐矿物

　　链状硅酸盐矿物的骨干形式是一系列硅氧四面体，以角顶联结成沿一个方向无限延伸的链，链与链间由金属阳离子（主要有钙、钠、铁、镁、铝、锰等）相连，已发现链的类型有20余种，其中，最主要的是辉石单链和闪石双链矿物。链状硅酸盐矿物在形态上表现为一向伸长，经常呈柱状、针状及纤维状的外形。在物理性质上，具有硬度高、密度中等、两组解理等特征。

1 辉石族 (Pyroxene group)

[化学成分] 辉石族可以进一步分为两个亚族：斜方辉石亚族（顽火辉石、古铜辉石、铁辉石、紫苏辉石等）和单斜辉石亚族（透辉石、钙铁辉石、普通辉石、绿辉石、硬玉、霓石、锂辉石等）。化学成分为钠、钙、镁、铁、锰、锂等元素的单链状结构硅酸盐。

[晶系与形态] 晶体结构属单斜晶系或斜方晶系。晶体呈短柱状，集合体常呈粒状。

[物理性质] 辉石族矿物无色或呈带浅绿的灰色，也有的呈褐绿色或褐黄色、绿黑色或褐黑色、古铜色；玻璃光泽，半透明至不透明，两组柱面解理完全，贝壳状断口；莫氏硬度为5.0～6.5，密度为3.2～3.6 g/cm^3。

[成因] 辉石族矿物是一种常见的造岩硅酸盐矿物，广泛存在于火成岩和变质岩中。

[**用途**] 有的辉石族矿物是重要的宝石，如硬玉。

2 顽火辉石 (Enstatite)

[化学成分] 化学式为$Mg_2Si_2O_6$。顽火辉石的次要成分为铝、钙、钛和锰。

[晶系与形态] 晶体属斜方晶系。顽火辉石的晶体呈柱状，通常呈片状、块状集合体（图16-1）。

图16-1 顽火辉石

[物理性质] 顽火辉石无色，或呈灰色、黄绿色、褐色等，条痕为灰色；玻璃光泽，半透明至不透明，两组柱面解理完全，两组交角近于90°，易脆；莫氏硬度为5.5，密度为3.1～3.3 g/cm^3。

古铜辉石系顽辉石－斜方铁辉石系列的中间成员，常呈淡褐色，貌似青铜（图16-2）。

[成因与产地] 顽火辉石产于富镁质的基性和超基性侵入岩、火成岩、变质岩等岩石中。

世界的主要产地有澳大利亚、缅甸、印度和南非。

[**用途**] 因含铁量低，顽火辉石可作为宝石。

图16-2 古铜辉石

3 多功能材料——透辉石 (Diopside)

[化学成分] 化学式为 $CaMgSi_2O_6$。透辉石的次要成分为铬、铁、锰等。

[晶系与形态] 晶体属单斜晶系。透辉石的晶体呈柱状、粗短柱状（图16-3）。

[物理性质] 透辉石无色，或呈灰色、淡绿色、深绿色、褐色和黑色，条痕为淡绿色；玻璃光泽，透明至半透明，两组柱面解理完全，两组交角近于 $90°$，性脆；莫氏硬度为6.0，密度为 $3.3 \sim 3.6 \ g/cm^3$。在紫外光下，透辉石发出蓝、乳白色、橙黄色、浅紫色荧光。

鲜绿色的透辉石，称为铬透辉石；有不对称星光的，称为星光透辉石。

[成因与产地] 透辉石产于富含钙的变质岩中和金伯利岩中。

世界的主要产地有巴西、意大利、缅甸、南非、俄罗斯、巴基斯坦、印度等。

[**用途**] 透明美丽的透辉石被视为宝石。透辉石还是具有独特功能和广阔应用前景的多功能材料。在升温过程中，透辉石无晶型转变，无烧失，热膨胀性能好，能迅速促进坯体的烧结，起到强矿化剂的作用。

图16-3 透辉石

4 钙铁辉石 (Hedenbergite)

[化学成分] 化学式为 $CaFeSi_2O_6$。钙铁辉石的次要成分为铬、镁、锰等。

[晶系与形态] 晶体属单斜晶系。钙铁辉石常呈放射状或棒状集合体（图16-4）。

[物理性质] 钙铁辉石呈暗绿色至绿黑色，条痕为淡绿色；玻璃光泽，透明、半透明至不透明，解理完全，贝壳状断口，性脆；莫氏硬度为 $5.0 \sim 6.0$，密度为 $3.6 \ g/cm^3$。

[成因] 钙铁辉石是一种常见的接触交代矿物，为矽卡岩的主要矿物成分。

[**用途**] 透明的钙铁辉石被视为宝石。

图16-4 钙铁辉石

5 普通辉石 (Augite)

图16-5 普通辉石

[化学成分] 化学式为$(Ca, Mg, Fe)_2 Si_2 O_6$。

[晶系与形态] 晶体属单斜晶系。普通辉石的晶体呈短柱状，横断面近等边的八边形，集合体常为粒状、放射状或块状（图16-5）。

[物理性质] 普通辉石呈绿黑至黑色，条痕为灰绿色；玻璃光泽至树脂光泽，半透明至不透明，解理完全，贝壳状断口，性脆；莫氏硬度为5.0～6.5，密度为3.2～3.6 g/cm³。

[成因与产地] 普通辉石是火成岩，尤其是基性岩、超基性岩中很常见的一种造岩矿物，在月岩中也很丰富，在变质岩和接触交代岩中亦常见。

普通辉石在世界各地广泛分布。

[用途] 普通辉石主要作为造岩矿物收藏，其晶体可用于磨制宝石。

6 墨翠——绿辉石 (Omphacite)

图16-6 绿辉石

[化学成分] 化学式为$(Ca, Na) (Mg, Fe, Al) Si_2 O_6$。

[晶系与形态] 晶体属单斜晶系。绿辉石的晶体呈柱状或粒状（图16-6）。

[物理性质] 绿辉石呈草绿色、绿黑色至黑色，条痕为浅绿色；玻璃光泽，半透明，解理完全，贝壳状断口，性脆；莫氏硬度为6.5，密度为3.3～3.4 g/cm³。

[成因] 绿辉石主要产于榴辉岩中，亦见于蓝闪石片岩中。

[用途] 绿辉石也叫墨翠，可用于收藏。

7 翡翠原石——硬玉 (Jadeite)

[化学成分] 化学式为$Na (Al, Fe) Si_2 O_6$。

[晶系与形态] 晶体属单斜晶系。硬玉常呈柱状、纤维状、毡状致密集合体（图16-7）。

翡翠是由以硬玉为主的无数细小纤维状矿物微晶纵

横交织，而形成的致密块状集合体（图16-8）。

[物理性质]硬玉的颜色呈绿色、白色、淡蓝色、灰色、灰绿色、浅紫色，条痕为白色；玻璃光泽，半透明，解理完全；莫氏硬度为5.0～6.0，密度为3.3～3.4 g/cm³。

[成因与产地]硬玉产于强变质的富钠蛇纹质岩中。

缅甸出产的硬玉习惯上称为翠玉。日本、俄罗斯、墨西哥、美国加利福尼亚州等地也产有硬玉，但质量不如缅甸出产的。

[用途]翡翠是玉石原料，用于收藏。

图16-7 硬玉

图16-8 翡翠

8 霓石 (Aegirine)

[化学成分]化学式为NaFeSi₂O₆。

[晶系与形态]晶体属单斜晶系。霓石的晶体常呈柱状、针状（图16-9）。

[物理性质]霓石呈绿色、绿黑色、棕红色、黑色，条痕为黄灰色；玻璃光泽至树脂光泽，半透明，解理完全，性脆；莫氏硬度为6.0～6.5，密度为3.5 g/cm³。

[成因]霓石常见于碱性火成岩中，尤其是正长岩和正长伟晶岩中，也出现在结晶片岩中。

[用途]霓石可作为矿物标本。

(a)

(b)

图16-9 霓石

⑨ 锂辉石 (Spodumene)

[化学成分] 化学式为 $LiAlSi_2O_6$。

[晶系与形态] 晶体属单斜晶系。锂辉石的晶体常呈柱状、粒状或板状（图16-10）。

[物理性质] 锂辉石呈粉红-紫红色、黄色、绿色、无色等，条痕为无色。玻璃光泽，透明至半透明，解理完全，脆性。莫氏硬度为6.5～7.0，密度为3.0～3.2 g/cm^3。

[成因与产地] 锂辉石主要产于富锂花岗伟晶岩中，共生矿物有石英、钠长石、微斜长石等。

世界的主要产地有巴西、马达加斯加、美国、我国新疆等地。

[用途] 作为锂化学制品原料，锂辉石广泛应用于锂化工、玻璃、陶瓷等行业。锂辉石也可用于制作配饰。

图16-10 锂辉石

⑩ 硅灰石-1A (Wollastonite-1A)

[化学成分] 硅灰石有三种同质多象体，硅灰石-1A是其中之一。化学式为 $CaSiO_3$。硅灰石-1A中常含铁、锰、镁。

[晶系与形态] 晶体属三斜晶系。硅灰石-1A通常呈片状、放射状或纤维状集合体（图16-11）。

[物理性质] 硅灰石-1A多呈白色、黄色、灰色、红色、棕色，条痕为白色；玻璃光泽，透明至半透明，解理完全，参差状断口，易裂；莫氏硬度为5.0，密度为2.8～2.9 g/cm^3。

[成因与产地] 硅灰石-1A主要产于酸性侵入岩与石灰岩的接触变质带，为构成矽卡岩的主要矿物成分。此外，它还见于某些深变质岩中。

世界的主要产地分布于亚洲的中国、印度、哈萨克斯坦、乌兹别克斯坦、塔吉克斯坦，以及美洲的墨西哥、美国等地。

[用途] 硅灰石-1A是造纸、陶瓷、水泥、橡胶、塑料等行业的原料或填料，可作为气体过滤材料和隔热材料，以及冶金的助熔剂等。

图16-11 硅灰石-1A

11 海纹石——针钠钙石
(Pectolite)

[化学成分] 化学式为 $NaCa_2Si_3O_8(OH)$。

[晶系与形态] 晶体属三斜晶系。针钠钙石呈致密的针状或纤维状集合体，也有的呈放射状球粒集合体（图16–12）。

[物理性质] 针钠钙石呈白色、灰色、浅粉色、浅绿色，条痕为白色；玻璃光泽或丝绢光泽，半透明至不透明，解理完全，参差状断口，易裂；莫氏硬度为5.0，密度为 2.9 g/cm^3。

[成因与产地] 针钠钙石是基性岩的次生矿物，主要产于基性喷出岩（玄武岩及辉绿岩）的杏仁体中，与沸石和方解石共生。

世界的著名产地有美国的加利福尼亚州和英国的爱丁堡等地。

[用途] 拉利玛（Larimar, 商业名称）是针钠钙石的蓝色变种，因其蓝白的纹理如同波浪一般，可作为绿松石的替代品。

图16–12 针钠钙石

12 装饰石料——蔷薇辉石
(Rhodonite)

[化学成分] 化学式为 $(Mn, Fe, Mg, Ca)SiO_3$。

[晶系与形态] 晶体属三斜晶系。蔷薇辉石的晶体呈板状或板柱状，集合体为粒状或块状（图16–14）。

[物理性质] 蔷薇辉石呈浅粉至红色或棕色，表面被氧化后常出现一些黑色，条痕为白色；玻璃光泽至丝绢光泽，透明至半透明，解理完全，不平坦断口；莫氏硬度为6.0，密度为 $3.5 \sim 3.7$ g/cm^3。

[成因与产地] 蔷薇辉石产于许多锰矿床中，常与交

图16–14 蔷薇辉石

代作用、变质作用、热液作用有关。

世界的著名产地有美国的马萨诸塞州、瑞典的隆班、俄罗斯的乌拉尔、澳大利亚，以及我国北京的西湖村、吉林的汪清县等。

[用途] 蔷薇辉石主要用作装饰石料，也用作饰品及雕塑品。

13 硅铁灰石 (Babingtonite)

图16-15 硅铁灰石

[化学成分] 化学式为$Ca_2(Fe,Mn)FeSi_5O_{14}(OH)$。

[晶系与形态] 晶体属三斜晶系。硅铁灰石的晶体呈短柱状，集合体为粒状、放射状或晶洞（图16-15）。

[物理性质] 硅铁灰石呈黑棕色、黑绿色、黑色，条痕为棕色。玻璃光泽，透明至半透明，解理完全，贝壳状断口。莫氏硬度为5.5～6.0，密度为3.4 g/cm³。

[成因] 硅铁灰石是岩浆结晶作用或变质作用的产物。

[用途] 硅铁灰石中色彩好且透明的可作为宝石。

14 角闪石族 (Amphibole group)

图16-16 角闪石

[化学成分] 角闪石族包括100多种矿物。它是钠、钙、镁、铁、锰、锂等元素的双链状结构硅酸盐。

[晶系与形态] 晶体属单斜晶系。角闪石族矿物晶体呈长柱状，横断面为近菱形的六边体，集合体常呈粒状、针状或纤维状（图16-16）。

[物理性质] 角闪石族矿物呈绿黑至黑色，条痕为浅灰绿色；玻璃光泽，半透明至不透明，两组柱面解理完全，交角124°，贝壳状断口；莫氏硬度为5.0～6.0，密度为3.1～3.4 g/cm³。

[成因] 角闪石族矿物是火成岩和变质岩的主要造岩矿物。

[用途] 角闪石族矿物可用作铸石原料中的配料。

15　直闪石 (Anthophyllite)

[化学成分] 化学式为$Mg_7Si_8O_{22}(OH)_2$。

[晶系与形态] 晶体属斜方晶系。直闪石常呈纤维状、石棉状或放射柱状集合体（图16-17）。

[物理性质] 直闪石呈白色至淡绿褐色，含铁元素高时呈褐色，条痕为灰色；玻璃光泽或丝绢光泽，透明至半透明，解理完全，贝壳状断口；莫氏硬度为5.6～6.0，密度为2.9～3.6 g/cm³。

[成因与产地] 直闪石产于变质岩中，是结晶片岩和片麻岩的一种重要成分。

世界上的产地有苏格兰的厄克特峡谷、俄罗斯的米亚斯、美国的北卡罗来纳州和爱达荷州。

[用途] 直闪石中色彩好的可作为玉石，纤维状的可用作工业石棉。

图16-17　直闪石

16　铝直闪石 (Gedrite)

[化学成分] 化学式为$Mg_5Al_2Si_6Al_2O_{22}(OH)_2$。

[晶系与形态] 晶体属斜方晶系。铝直闪石常呈纤维状、块状集合体（图16-18）。

[物理性质] 铝直闪石呈棕色、棕绿色、绿色、灰色、灰白色，条痕为灰白色；玻璃光泽或丝绢光泽，透明至半透明，解理完全，参差状断口；莫氏硬度为5.5～6.0，密度为3.2～3.6 g/cm³。

[成因] 铝直闪石产于接触变质岩和中高级变质岩中，与石榴石、堇青石、直闪石、硅线石、蓝晶石、石英、十字石和黑云母伴生。

[用途] 角闪石族矿物标本。

图16-18　铝直闪石

图16-19 锂闪石

17 锂闪石 (Holmquistite)

[化学成分] 化学式为$Li_2(Mg_3Al_2)Si_8O_{22}(OH)_2$。

[晶系与形态] 晶体属斜方晶系。锂闪石常呈柱状、块状集合体（图16-19）。

[物理性质] 锂闪石呈蓝色、紫色、淡蓝色、暗紫色、黑色，条痕为蓝白色；玻璃光泽或丝绢光泽，透明至半透明，解理完全；莫氏硬度为5.5，密度为3.1 g/cm³。

[成因] 锂闪石产于含锂伟晶岩与基性或超基性围岩间的接触带和围岩中。

[用途] 角闪石族矿物标本。

18 玉石矿物——透闪石 (Tremolite)

[化学成分] 化学式为$Ca_2Mg_5Si_8O_{22}(OH)_2$。

[晶系与形态] 晶体属单斜晶系。透闪石常呈细长柱状、纤维状、粒状、块状或放射状集合体（图16-20）。

[物理性质] 透闪石无色，或呈棕色、灰色、白色、淡绿色，条痕为白色；玻璃光泽或珍珠光泽，透明至半透明，解理完全，亚贝壳状断口；莫氏硬度为5.6，密度为2.9～3.2 g/cm³。

透闪石玉，又叫软玉（图16-21），是由透闪石矿物组成的，矿物晶体呈纤维状交织在一起构成的致密状集合体。主要玉石包括羊脂白玉、青白玉、青玉、墨玉、碧玉等。

[成因与产地] 透闪石产于富钙岩石的接触变质带中。我国新疆和田是软玉的重要产地，那里的软玉称为"和田玉"。世界的其他产地有瑞士提契诺州、意大利皮尔蒙特和美国东部的阿帕拉契山脉，以及新西兰、墨西哥和奥地利等地。

[用途] 透闪石可用作陶瓷、玻璃的原料、填料，以及软玉材料等。

图16-20 透闪石

图16-21 透闪石玉

软玉

从矿物学的角度出发，软玉是由角闪石族矿物组成的，而翡翠是由辉石族矿物组成的。软玉在中国有不同的产地，包括新疆和田和玛纳斯、江苏溧阳、辽宁岫岩、河南栾川、台湾花莲、青海三岔口和格尔木、四川石棉和汶川、福建南平等。软玉的青色浓度与铁元素含量成正比，绿色与铬、镍、钴等元素致色有关。软玉的主要矿物组分均为透闪石，含量大于90%；次要矿物成分较复杂，随围岩的化学成分不同而变化，如白云石、方解石、蛇纹石、绿泥石、磁铁矿、滑石和磷灰石，或铬尖晶石、蛇纹石、透辉石、绿泥石。软玉的结构以毛毡纤维交织变晶结构、放射状变晶结构、纤维束状变晶结构为主，只有和田玉和三岔口软玉中有少量片状变晶结构和交代残余结构。大多数的软玉为块状构造，偶有片状构造。

和田玉

和田玉是软玉的一种，主要分布于新疆莎车－喀什库尔干，主要品种有白玉、羊脂白玉（图16-22，23）、青白玉（图16-24）、青玉、黄玉、糖玉、墨玉。和田玉的化学成分有一个显著特点，不同颜色品种的化学成分有一定规律的变化，如果按白玉、青白玉、青玉的顺序排列，呈现的变化规律是：氧化铁、三氧化二铝的含量逐渐增高，氧化钙、氧化镁、二氧化硅似有减少的趋势。墨玉的氧化铁含量较高。和田玉的矿物组成属透闪石。羊脂玉的透闪石含量达99%以上，晶体微细，含微量磷灰石、磁铁矿、榍石、黑云母等，具有较均匀的显微变晶交织结构，色白如脂，质地极纯润，玉质最好。

图16-22 白玉

图16-23 羊脂白玉

图16-24 青白玉

碧玉

碧玉有两个含义。一种是玉髓的一种，英文名称为"Jasper"，是一种不透明不纯的二氧化硅，通常呈红色、黄色、棕色或绿色，常见的红色是由于燧石岩中含有三价铁的包裹体，矿物破碎时具有光滑的表面，用于装饰或作为宝石。另一种指半透明至不透明呈菠菜绿色的软玉，颜色和结构不甚均一，矿物成分以透闪石、阳起石为主，有时含有绿帘石、磁铁矿形成的色带和色团。碧玉质地细腻，呈油脂或蜡状光泽（图16-25）。

图16-25 碧玉

玉文化

　　考察世界范围内的古人类文化,使用玉器并创造了各自玉文化的地区和族群主要有东亚的华人、中美洲地区的古印第安人、新西兰一带的毛利人,形成了著名的环太平洋三大玉文化板块。有学者认为,启动东亚和世界玉文化引擎的是中国。中国人概念中的"玉"主要指闪石玉,而墨西哥古印第安人概念中的"玉"则是指各种绿色石头及辉石玉。两个文明均将玉石视为最珍贵、拥有最多象征意义的,而且最能表现宇宙和权力观的宝物。

　　公元前4000年至公元前3000年的红山文化,是中国北方地区较重要的新石器时期文化。红山文化因1935年首次发现于内蒙古赤峰市的红山而得名。除了石器、陶器外,红山文化最引人注目的是有十分精巧的动物造型的玉石雕刻,以猪、虎、鸟、龙等形状为主,工艺水平极高。红山文化的玉龙造型非常简单(图6-26),像是一个圈,与后期的盘龙、纹龙等相比显得十分原始。因此,有考古学者认为后来中原人对"龙"的崇拜,可能是源自红山文化。

　　有着悠久历史的中国玉器,根据用途可以分为五大类。(1)玉制工具,如玉斧、玉刀等。(2)礼仪玉器,有璧、琮、圭、璋、璜、琥等。(3)佩饰玉器,如项饰、手饰、耳饰、头饰等。(4)丧葬玉器,有玉衣、玉含、玉塞、玉握、玉枕等。(5)实用和玩赏玉器,有玉角杯、玉灯、玉屏风、玉佛等。

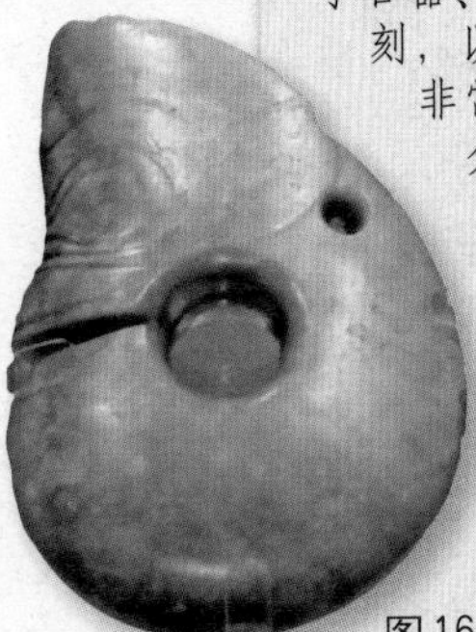

图16-26　玉龙

𝟷𝟿　阳起石 (Actinolite)

　　[化学成分] 化学式为$Ca_2(Mg,Fe)_5Si_8O_{22}(OH)_2$。

　　[晶系与形态] 晶体属单斜晶系。阳起石的晶体呈长柱状、针状、纤维状,集合体为不规则块状、扁长条状或短柱状(图16-27)。

　　[物理性质] 阳起石呈绿色、暗绿色、灰绿色、黑色,条痕为白色;玻璃光泽或丝绢光泽,透明至半透明,解理完全,参差状断口;莫氏硬度为5.5,密度为$3.0 \sim 3.1$ g/cm^3。

　　[成因] 阳起石产于变质岩中。

　　[用途] 质地细腻的阳起石可以作为观赏石,纤维状的可用作工业石棉。

图16-27　阳起石

20 韭闪石 (Pargasite)

[化学成分] 化学式为$NaCa_2(Mg, Fe)_4 Al(Si_6 Al_2) O_{22}(OH)_2$。

[晶系与形态] 晶体属单斜晶系。韭闪石的晶体呈柱状、板状 (图16-28)。

[物理性质] 韭闪石呈蓝绿色、棕色、灰黑色、浅棕色、暗绿色，条痕为白色。玻璃光泽或丝绢光泽，透明至半透明，解理完全，参差状断口，脆性。莫氏硬度为6.0，密度为$3.1 g/cm^3$。

[成因] 韭闪石产于高温区域变质岩、火成岩周围岩体接触晕内的矽卡岩、安山质火山岩和蚀变超基性岩中。

[用途] 质地优良的韭闪石可以作为玉石。

图16-28 韭闪石

21 钠透闪石 (Richterite)

[化学成分] 化学式为$Na(NaCa)Mg_5 Si_8 O_{22}(OH)_2$。

[晶系与形态] 晶体属单斜晶系。钠透闪石的晶体呈长柱状、板状或纤维状 (图16-29)。

[物理性质] 钠透闪石呈蓝色、棕色、棕红色、灰紫色、黄色，条痕为白色；玻璃光泽或丝绢光泽，透明至半透明，解理完全，参差状断口，脆性；莫氏硬度为6.0，密度为$3.1 g/cm^3$。

[成因与产地] 钠透闪石产于接触带的热变质灰岩中，是镁质岩浆岩中热液活动的产物。

世界的主要产地有美国、加拿大、澳大利亚等。

[用途] 质地优良的钠透闪石可以作为玉石。

图16-29 钠透闪石

22 蓝闪石 (Glaucophane)

[化学成分] 化学式为$Na_2(Mg_3 Al_2)Si_8 O_{22}(OH)_2$。

[晶系与形态] 晶体属单斜晶系。蓝闪石的晶体呈柱状、针状或纤维状，也常见集结成细粒块状和石棉状

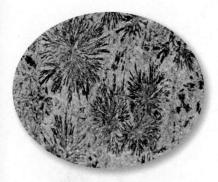

（图16–30）。

［物理性质］蓝闪石呈淡蓝色、紫蓝至深蓝色或黑色，条痕为淡蓝色；玻璃光泽或珍珠光泽，半透明，解理完全，贝壳状断口，脆性；莫氏硬度为6.0～6.5，密度为3.0～3.2 g/cm^3。

［成因］蓝闪石分布在高压低温变质带的蓝闪石片岩中。

［用途］蓝闪石可用作石棉。当石棉纤维被硅化后，所含的铁被氧化变成金色，切割后称为虎眼石。

图16–30　蓝闪石

知识链接

石棉的毒性

石棉矿物本身无毒，在工业上和建筑中具有广泛的用途。但是20世纪60年代，确认细小的石棉纤维可被吸入人体内，附着并沉积在肺部，可导致肺癌。与石棉有关的疾病症状往往会有很长的潜伏期，可能在曝露于石棉10～40年后才出现。与其他材料相比，角闪石石棉的致癌性更为强烈。

23　耐火石棉——钠闪石 (Riebeckite)

［化学成分］化学式为$Na_2(Fe^{2+}_3Fe^{3+}_2)Si_8O_{22}(OH)_2$。钠闪石含少量镁、钙、铝等。

［晶系与形态］晶体属单斜晶系。钠闪石的晶体呈柱状（图16–31）、针状或纤维状。纤维状的称为蓝石棉（图16–32）。

［物理性质］钠闪石呈蓝色、黑绿色、黑色，条痕为淡绿棕色；玻璃光泽或丝绢光泽，半透明，解理完全，不平坦断口，脆性；莫氏硬度为5.0～6.0，密度为3.0～3.4 g/cm^3。

［成因与产地］钠闪石分布在岩浆岩和变质岩中。

世界的主要产地有南非、阿尔卑斯地区、英国、美国和玻利维亚。

［用途］纤维状的钠闪石可用作工业石棉。

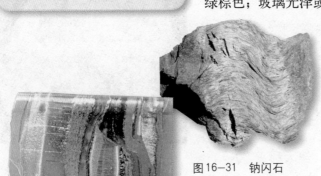

图16–31　钠闪石

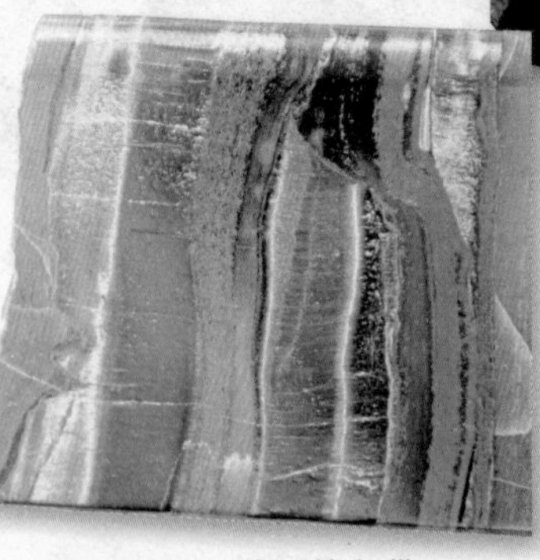

图16–32　蓝石棉条带

24　钠铁闪石 (Arfvedsonite)

［化学成分］化学式为$NaNa_2(Fe^{2+}_4Fe^{3+})Si_8O_{22}(OH)_2$。钠铁闪石中含少量镁、钙、铝等。

［晶系与形态］晶体属单斜晶系。钠铁闪石的晶体呈

短柱状、板状、纤维状、放射状（图16-33）。

[物理性质] 钠铁闪石呈深蓝至黑色，条痕为淡蓝色；玻璃光泽或丝绢光泽，半透明至不透明，解理完全，不平坦断口，脆性；莫氏硬度为5.5～6.0，密度为3.3～3.5 g/cm³。

[成因] 钠铁闪石主要产于碱性花岗岩、正长岩、霞石正长岩和伟晶岩中。

[用途] 矿物标本。

图16-33　钠铁闪石

25　星叶石 (Astrophyllite)

[化学成分] 化学式为$K_2Na(Fe,Mn)_7Ti_2Si_8O_{26}(OH)_4F$。

[晶系与形态] 晶体属三斜晶系。星叶石的晶体呈板状，集合体呈放射星状（图16-34）。

[物理性质] 星叶石呈棕色、棕红色、古铜黄色、金黄色，条痕为淡黄棕色；金刚光泽或珍珠光泽，半透明至不透明，解理完全，不平坦断口，脆性；莫氏硬度为3.0～3.5，密度为3.3～3.4 g/cm³。

[成因] 星叶石见于碱性岩，如霞石正长岩中，与榍石、霓石、钠铁闪石、异性石、针钠钙石等矿物共生。

[用途] 矿物标本。

图16-34　星叶石

26　宝石矿物——紫硅碱钙石 (Charoite)

[化学成分] 化学式为$(K,Sr)_{15-16}(Ca,Na)_{32}[Si_{70}(O,OH)_{180}](OH,F)_4 \cdot n(H_2O)$。

[晶系与形态] 晶体属单斜晶系。紫硅碱钙石多呈隐晶质块状。

[物理性质] 紫硅碱钙石呈紫色、淡紫色、浅棕色，条痕为白色；玻璃光泽或丝绢光泽，半透明，解理完全；莫氏硬度为5.0～6.0，密度为2.5～2.6 g/cm³。

[成因] 紫硅碱钙石见于正长岩中的交代岩。

[用途] 紫硅碱钙石中，宝石级矿物呈淡紫和紫红色，以质地细腻、花纹清晰者为优质玉石。纯净透明至半透明的，又名为查罗石或紫龙晶（图16-35）。

图16-35　紫硅碱钙石

第十七章

层状硅酸盐矿物

层状结构硅酸盐矿物晶体的形态一般呈二向延展的板状、片状，具有硬度较低、密度中等、一组完全解理等特征。

1 寿山石矿物——地开石 (Dickite)

[化学成分] 化学式为 $Al_2Si_2O_5(OH)_4$。

[晶系与形态] 晶体属单斜晶系。地开石的晶体呈完善的六边形鳞片，常见土状块体（图17-1）。

[物理性质] 地开石呈白色，集合体微带黄绿色或褐色，条痕为白色；透明，解理薄片呈珍珠光泽；莫氏硬度为1.5～2.0，密度为2.6 g/cm³。

[成因与产地] 地开石是岩浆热液蚀变矿物，是流纹岩和凝灰岩经后期热液蚀变形成的。

主要产地有我国福建、浙江及内蒙古等地。

[用途] 地开石耐火度较高，可作为陶瓷和耐火坩埚的原料。地开石还具有良好的涂复性和遮盖性，主要用在造纸涂料、焙烧土、无碱玻璃球、合成分子筛、工艺雕刻品等。

根据已有资料，田黄、鸡血石、寿山石等的主要矿物成分就是地开石。鸡血石是含辰砂条带的地开石。鸡血石和寿山石都是极富盛名的印章料奇石（图17-2，3，4）。

图17-1　地开石

图17-2　鸡血石

图17-3　寿山石原石

图17-4　寿山石工艺品

知识链接
印章石

印章在中国的使用历史久远，其中石质印章始于元代末年。元末明初，浙江文人以浙江青田一带出产的花乳石自刻印章，开启了石质印章的时代。经过数百年的发展，印章石料日益丰富，有的以产地命名，有的以质地、色彩纹理等命名，其种类已达百余种。其中，以福建寿山石、浙江青田石和昌化石、内蒙古巴林石最为出名，号称"中国四大名石"。

印章石料的主要矿物组分是高岭石、地开石

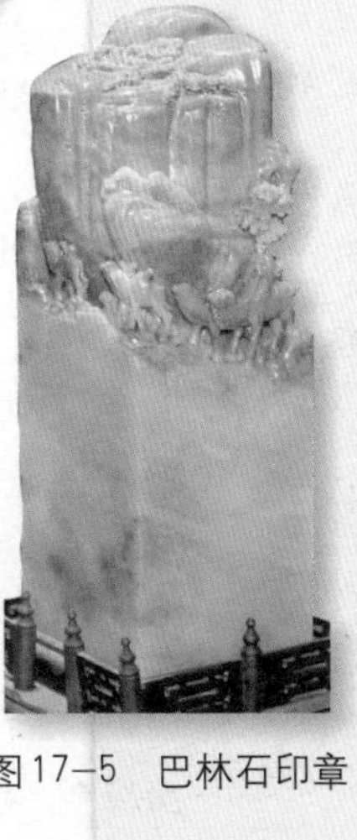

图17-5　巴林石印章

（接下页）

和叶蜡石，含少量其他矿物。寿山石的矿物成分主要为地开石，其次为高岭石、叶蜡石、珍珠石和伊利石等。青田石的矿物成分及组合复杂多样，多数以叶蜡石为主，但也有地开石型、伊利石型和绢云母型。昌化石的矿物成分以地开石或高岭石与地开石的过渡矿物为主，并含少量明矾石、黄铁矿和石英等矿物。昌化石的品种很多，其中以鸡血石为上品。鸡血石是含有少量辰砂的昌化石。巴林石是以高岭石、地开石为主的多种矿物组成的黏土岩（图17-5）。

造纸填料矿物

最早的纸主要是将木质纤维搅碎而制成的纸壳形式，基本纤维网格很致密，但不平滑，无法书写和在印刷上应用。随着对纸的平滑度要求日益提高，发现加入部分矿物，可提高纸的不透明度、平滑度、白度和油墨的吸收能力，改善印刷性能。这样，不仅改善了纸的质量，而且降低了原料费用。

纸张种类和性质不同，使用的非金属矿物填料和涂布颜料各不相同。造纸工业中最常用的非金属矿物有高岭土、方解石、滑石和石膏，应用较少的有重晶石、膨润土、叶蜡石、地开石、伊利石等。

陶瓷原料矿物

陶瓷的矿物原料可分为四大类：黏土类、石英类、长石类和其他矿物类。黏土类矿物包括高岭石、地开石、多水高岭石、蒙脱石、伊利石、绢云母。石英类矿物包括脉石英、石英砂、砂岩、石英岩、燧石和硅藻土。长石类矿物包括钾长石、钠长石、钾钠长石、斜长石、钡长石。其他陶瓷原料矿物有方解石、白云石、滑石、萤石、含锂矿物等。

2 陶土——高岭石 (Kaolinite)

[化学成分] 化学式为 $Al_2Si_2O_5(OH)_4$。

[晶系与形态] 晶体属三斜晶系。高岭石与地开石是同质异构体。高岭石多呈隐晶质、分散粉末状、疏松块状集合体（图17-6）。

[物理性质] 高岭石呈白色，或呈浅灰色、浅绿色、浅黄色、浅红色等，条痕为白色；土状光泽，透明至半透明；莫氏硬度为1.5～2.0，密度为2.6 g/cm³。高岭石吸水性强，和水具有可塑性，黏舌。

[成因与产地] 高岭石常见于岩浆岩和变质岩的风化壳中，是铝硅矿物风化后的次生矿物。

图17-6　高岭石

世界的著名产地有英国的康沃尔和德文、法国的伊里埃、美国的佐治亚州等。我国的著名产地有江西景德镇、江苏苏州、河北唐山、湖南醴陵等。

[用途] 高岭石是陶瓷的主要原料，在其他工业中也有广泛使用。

3 埃洛石 (Halloysite)

[化学成分] 埃洛石代表两个矿物种：7Å埃洛石和10Å埃洛石，化学式分别为 $Al_2Si_2O_5(OH)_4$ 和 $Al_2Si_2(OH)_4 \cdot 2H_2O$。

[晶系与形态] 晶体属单斜晶系。埃洛石多呈隐晶质、分散粉末状、疏松块状集合体（图17-7）。

在电子显微镜下，可以看到埃洛石是由无数细细的管状或纤维状晶体组成的，而高岭石是片状构造。

[物理性质] 埃洛石呈白色、黄

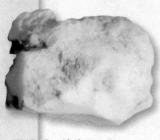

图17-7　埃洛石

白色、红白色、棕白、绿白色，条痕为白色；土状光泽，半透明至不透明，贝壳状断口；莫氏硬度为2.0，密度为2.6～2.7 g/cm³。

[成因与产地] 埃洛石是铝硅矿物经风化或热液蚀变后的产物，在风化壳中，常与高岭石、三水铝石和水铝英石等共生。

我国四川叙永、贵州习水一带和山西阳泉等地风化壳中均有埃洛石产出，并因产地而又名为叙永石。

[用途] 埃洛石广泛应用于陶瓷、造纸、涂料、日化用品、橡胶、石油化工等行业。

④ 岫玉矿物——蛇纹石 (Serpentine)

[化学成分] 蛇蚊石是蛇纹石族矿物的总称，包括十多种矿物，是化学成分为镁、铁、锰、锂、镍、铝等元素的层状结构硅酸盐。

[晶系与形态] 晶体属三斜至六方晶系。蛇蚊石多呈致密块状、层状或纤维状集合体（图17-8）。

[物理性质] 蛇蚊石具有各种色调的绿色、浅黄色，条痕为白色；油脂光泽或蜡状光泽，透明至半透明；莫氏硬度为2.5～3.5，密度为2.5～2.7 g/cm³。

[成因] 蛇蚊石主要是超基性岩或镁质碳酸岩中的富镁矿物经热液交代变质而成。

[用途] 蛇蚊石可作为耐火材料和生产钙镁磷肥的原料。以蛇纹石为主要矿物组分的岫玉，因辽宁岫岩县出产而得名，是著名的玉石。

图17-8　蛇纹石

⑤ 石棉矿物——纤蛇纹石 (Chrysotile)

[化学成分] 化学式为$Mg_3Si_2O_5(OH)_4$。

[晶系与形态] 晶体属单斜晶系。纤蛇纹石多呈纤维状集合体（图17-11）。

[物理性质] 纤蛇纹石呈绿色，条痕为白色；丝绢光泽，半透明；莫氏硬度为2.5，密度为2.5 g/cm³。

[成因] 纤蛇纹石是超基性岩或镁质碳酸岩中的富镁矿物经热液交代变质而成。

[用途] 纤蛇纹石又叫温石棉，是最重要的石棉矿物。

图17-11 纤蛇纹石

⑥ 水铝英石 (Allophane)

[化学成分] 化学式为$Al_2O_3(SiO_2)_{1.3-2} \cdot 2.5\text{-}3(H_2O)$。

[晶系与形态] 水铝英石是由氧化硅、氧化铝和水组成的非晶质铝硅酸盐矿物。它在外观上呈海绵状、葡萄状和钟乳石状的块体（图17-12）。

[物理性质] 水铝英石呈白色、绿色、蓝色、黄色、棕色，条痕为白色；蜡状光泽，半透明，贝壳状断口；莫氏硬度为3.0，密度为1.9 g/cm³。

[成因] 水铝英石是火山灰土壤的主要黏粒矿物，也产于碳酸盐岩风化的残积物中，为火山碎屑岩热液蚀变矿床。

[用途] 水铝英石是制作耐火黏土、多孔陶瓷的原料。

图17-12 水铝英石

⑦ 青田石——叶蜡石 (Pyrophyllite)

[化学成分] 化学式为$Al_2Si_4O_{10}(OH)_2$。

[晶系与形态] 晶体属三斜晶系。叶蜡石通常呈致密块状、片状或放射状集合体（图17-13）。

[物理性质] 叶蜡石呈棕绿色、棕黄色、绿色、灰绿色、灰白色，条痕为白色；珍珠光泽，半透明至不透明，贝

图17-13 叶蜡石

壳状断口；莫氏硬度为1.5～2.0，密度为2.8～2.9 g/cm³。

[成因与产地] 叶蜡石由酸性火山凝灰岩经热液蚀变而成，在某些富铝的变质岩中也有产出。

我国的叶蜡石矿床按成因可分为热液型和变质型两大类，主要产地在陕西安康市和福建宁德市。

[用途] 叶蜡石可以用作造纸、颜料、橡胶、油漆、塑料等制造中的填充物质及农药的配料，还可以作为生产玻璃纤维的主要原料。质地优良的叶蜡石，如青田石，可以作为工艺品的原料（图17-14）。

图17-14　青田石工艺品

⑧ 最软的矿物——滑石 (Talc)

[化学成分] 化学式为$Mg_3Si_4O_{10}(OH)_2$。

[晶系与形态] 晶体属单斜晶系。滑石一般呈致密块状、叶片状、纤维状或放射状集合体（图17-15）。

[物理性质] 滑石呈淡绿色、白色、灰白色、黄白色、棕白色，条痕为白色；玻璃光泽至珍珠光泽，半透明，一组极完全解理，薄片具挠性，不平坦断口；莫氏硬度为1.0，密度为2.7～2.8 g/cm³。

[成因] 富镁矿物经热液蚀变常变为滑石。

[用途] 滑石广泛用于造纸、陶瓷、橡胶、油漆、耐火器材、纺织、染料、铸造及制药等工业。质软、滑腻、光泽柔和的块状滑石是雕刻工艺品的材料。

图17-15　滑石

⑨ 白云母 (Muscovite)

[化学成分] 化学式为$KAl_2(Si_3Al)O_{10}(OH)_2$。白云母中含铁、锰、铬、钒等元素。

[晶系与形态] 晶体属单斜晶系。白云母的晶体呈假六方形或菱形的板状、片状（图17-16）。

[物理性质] 白云母无色，或呈浅灰色、浅黄色、浅绿色等，条痕为白色；玻璃光泽，透明至半透明，具一组极完全的平行底面解理，薄片富弹性；莫氏硬度为2.0～2.5，

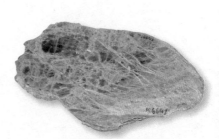

图17-16　白云母

图17-17 铬云母

密度为2.8～2.9 g/cm³。

浅绿色的为含铬云母（图17-17），呈细小鳞片状、具丝绢光泽的异种称绢云母（图17-18）。

[成因] 白云母主要见于花岗岩和伟晶岩中，还常出现在云英岩、变质片岩及片麻岩中。

[用途] 白云母的特性是绝缘、耐高温、有光泽、物理化学性能稳定，具有良好的隔热性、弹性和韧性；经加工成云母粉，还有较好的滑动性和较强的附着力。由于云母和云母粉本身的性能，主要用于日用化工原料、云母陶瓷原料、油漆添料、塑料和橡胶添料、建筑材料，也用于钻井泥浆填加剂等。

图17-18 绢云母

10 海绿石 (Glauconite)

[化学成分] 海绿石代表层间亏损云母的系列矿物名称，化学式为$(K, Na)(Fe, Al, Mg)_2 (Si, Al)_4 O_{10} (OH)_2$。

[晶系与形态] 晶体属单斜晶系。海绿石的晶体呈叶片状至滚圆粒状，或不规则蠕虫状、板状等（图17-19）。

[物理性质] 海绿石呈暗绿至绿黑色、黄绿色、灰绿色，条痕为浅绿色；土状光泽，半透明，完全解理；莫氏硬度为2.0，密度为2.4～3.0 g/cm³。

[成因与产地] 海绿石是典型的表生矿物，产在浅海沉积物中，如砂岩、碳酸盐岩石等。

世界的著名产地有美国新泽西州伯明翰，我国辽宁、河北、湖北、云南等地。

[用途] 海绿石可用作钾肥。因海绿石具阳离子交换性能，可用作硬水软化剂。海绿石还可用作颜料、玻璃的抛光剂等。

图17-19 海绿石

11 铬绿鳞石 (Chromceladonite)

[化学成分] 化学式为$KMgCrSi_4O_{10}(OH)_2$。

[晶系与形态] 晶体属单斜晶系。铬绿鳞石的晶体呈叶片状、球状或块状（图17-20）。

[物理性质] 铬绿鳞石呈翠绿色、深绿色，条痕为浅绿色；玻璃光泽至丝绢光泽，透明，完全解理；莫氏硬度为1.0～2.0，密度为2.9 g/cm³。

[成因] 铬绿鳞石是热液交代矿物。

[用途] 用作矿物研究和收藏。

图17-20 铬绿鳞石

12 金云母 (Phlogopite)

[化学成分] 化学式为$KMg_3(AlSi_3)O_{10}(OH)_2$。

[晶系与形态] 晶体属单斜晶系。金云母的晶体呈薄片状、鳞片状、层状（图17-21）。

[物理性质] 金云母呈棕色、灰色、绿色、黄色、红棕色，条痕为白色；玻璃光泽，透明至半透明，具一组极完全的平行底面解理，薄片富弹性，不平坦断口；莫氏硬度为2.0～2.5，密度为2.7～2.9 g/cm³。

[成因] 金云母主要产于超基性岩，如金伯利岩，以及白云质大理岩的接触变质带中。

[用途] 金云母的特性类似于白云母，主要应用于建材、消防、灭火剂、电焊条、塑料、电绝缘、造纸、沥青纸、橡胶、珠光颜料等工业领域。

图17-21 金云母

13 黑云母 (Biotite)

[化学成分] 黑云母代表三八面体云母的系列矿物名称，化学式为$K(Mg,Fe)_3(AlSi_3)O_{10}(OH,F)_2$。

[晶系与形态] 晶体属单斜晶系。黑云母的晶体主要呈短柱状或板状，横切面为六边形，集合体呈鳞片状（图17-22）。

[物理性质] 黑云母的颜色从黑色至褐色、红色或绿

图17-22 黑云母

图17-23　锂云母

色都有，条痕为白色；玻璃光泽至珍珠光泽，透明至不透明，具一组极完全的平行底面解理，薄片富弹性，不平坦断口；莫氏硬度为 2.5～3.0，密度为 2.8～3.5 g/cm^3。

[成因与产地] 黑云母主要产于变质岩、花岗岩等岩石中。

黑云母的产地集中分布在我国新疆、四川和内蒙古。

[**用途**] 黑云母广泛应用在真石漆等装饰涂料以及建筑材料的填充物。

14　锂云母 (Lepidolite)

[化学成分] 锂云母代表锂白云母与多硅锂云母之间的系列矿物名称，化学式为 $K(Li, Al)_3(Al, Si)_4O_{10}(F, OH)_2$。锂云母中常含有铷和铯。

[晶系与形态] 晶体属单斜晶系。锂云母多呈短柱体、小薄片集合体或大板状晶体（图17-23）。

[物理性质] 锂云母呈紫色和粉色，并可浅至无色，条痕为白色；玻璃光泽至珍珠光泽，半透明，具一组极完全的平行底面解理，薄片富弹性，不平坦断口；莫氏硬度为 2.5～3.0，密度为 2.8～2.9 g/cm^3。

[成因与产地] 锂云母主要产于含锂花岗伟晶岩中。

我国江西的宜春市储藏着世界最大的锂云母矿。

[**用途**] 锂云母是提炼锂的重要矿物，也是提取铷、铯稀有金属的重要原料。

15　多硅锂云母 (Polylithionite)

图17-24　多硅锂云母

[化学成分] 化学式为 $KLi_2Al(Si_4O_{10})(F, OH)_2$。

[晶系与形态] 晶体属单斜晶系。多硅锂云母的晶体为假六方形，集合体呈片状（图17-24）。

[物理性质] 多硅锂云母呈浅棕色、银白色、灰色、淡黄白色、绿白色，条痕为白色；玻璃光泽至珍珠光泽，透明，具一组极完全的解理，薄片富弹性，不平坦断口；莫氏硬度为 2.0～3.0，密度为 2.9～3.1 g/cm^3。

[成因] 多硅锂云母主要产于云英岩中，亦见于伟晶岩高温热液矿脉中。

[用途] 多硅锂云母是提炼锂的重要矿物。

16 黏土岩——伊利石 (Illite)

[化学成分] 伊利石代表层间亏损云母类的系列矿物名称，化学式为 $K_{0.65}Al_2(Si_{3.35}Al_{0.65})O_{10}(OH)_2$。

[晶系与形态] 晶体属单斜晶系。伊利石的晶体细小，粒径通常在 1~2 微米以下，肉眼不易观察。在电子显微镜下，伊利石常呈不规则的鳞片状集合体（图 17-25）。

[物理性质] 伊利石呈白色，条痕为白色；土状光泽，半透明，底面解理完全；莫氏硬度为 1.0~2.0，密度为 2.6~2.9 g/cm^3。

[成因与产地] 伊利石常由白云母、钾长石风化而成，并产于泥质岩中，或由其他矿物蚀变形成。伊利石黏土是分布最广的一种黏土岩。

我国四川、湖北西部、河北等地都有伊利石黏土的产出。

图 17-25　伊利石

[用途] 伊利石用途极为广泛，可用于制作钾肥、高级涂料及填料、陶瓷配件、高级化妆品、土壤调整剂、家禽饲料添加剂、高层建筑的骨架配料和水泥配料、核工业的污染净化和环境保护设施等。

17 似水蛭的矿物——蛭石 (Vermiculite)

[化学成分] 化学式为 $Mg_{0.7}(Mg, Fe, Al)_6(Al, Si)_8O_{20}(OH)_4 \cdot 8H_2O$。

[晶系与形态] 晶体属单斜晶系。蛭石的集合体呈片状、土状或粉末状（图 17-26）。

[物理性质] 蛭石呈褐色、褐黄色或暗绿色，条痕为淡绿色；玻璃光泽至土状光泽，半透明，一组完全解理；莫氏硬度为 1.5~2.0，密度为 2.4~2.7 g/cm^3。在加热时，

图 17-26　蛭石

蛭石能迅速膨胀，弯曲呈水蛭状，从而得名。

[成因] 蛭石由云母经低温热液蚀变或风化而成，也可由基性岩受酸性岩浆的变质作用而形成。

[用途] 蛭石可用作建筑材料、油的吸附剂、消音材料等。

18 能膨胀的矿物——蒙脱石 (Montmorillonite)

图17-27 蒙脱石

[化学成分] 化学式为 $(Na, Ca)_{0.3}(Al, Mg)_2 Si_4 O_{10} (OH)_2 \cdot n(H_2O)$。蒙脱石的水含量因环境湿度而变化极大。

[晶系与形态] 晶体属单斜晶系。蒙脱石的集合体呈片状或絮状、毛毡状，常为土状块体（图17-27）。

[物理性质] 蒙脱石呈白色，有时微带红色或绿色，条痕为白色；土状光泽，半透明至不透明，一组完全解理；莫氏硬度为1.5～2.0，密度为2.0～2.7 g/cm³。蒙脱石的吸水性很强。吸水后，其体积膨胀增大几倍至十几倍，具有很强的吸附力和阳离子交换性能。

[成因与产地] 蒙脱石由基性火成岩在碱性环境中风化而成，也有的是海底沉积的火山灰分解后的产物，是构成斑脱岩、膨润土和漂白土的主要成分。

我国辽宁、黑龙江、吉林、河北、河南、浙江等地都有膨润土产出。

[用途] 利用蒙脱石阳离子交换性能，可制成蒙脱石有机复合体，广泛用于高温润脂、橡胶、塑料、油漆制造。利用其吸附性能，用于食油精制脱色除毒、净化石油、核废料处理、污水处理。利用其黏结性，用于铸造型砂黏结剂等。利用其分散悬浮性，用于钻井泥浆。

19 绿泥石 (Chlorite)

图17-28 绿泥石

[化学成分] 绿泥石是绿泥石族矿物的统称，包括十几种矿物，化学成分包括镁、铁、铝、硅等元素。

[晶系与形态] 晶体属单斜、三斜或斜方晶系。绿泥

石的晶体呈假六方形片状或板状，集合体呈鳞片状、土状（图17-28）。

[物理性质] 绿泥石呈浅绿至深绿色；玻璃光泽或珍珠光泽，透明至不透明，一组完全解理；莫氏硬度为$2.0 \sim 2.5$，密度为$2.6 \sim 3.3$ g/cm^3。

[成因] 绿泥石是低级变质岩的造岩矿物。火成岩中的镁铁矿物，如黑云母、角闪石、辉石等，在低温热液作用下易形成绿泥石。

[用途] 主要作为矿物研究和收藏。质量好的绿泥石可用作玉石原料，也可用作观赏石。

20 斜绿泥石 (Clinochlore)

[化学成分] 化学式为$(Mg,Fe)_5Al(Si_3Al)O_{10}(OH)_8$。

[晶系与形态] 晶体属单斜晶系。斜绿泥石的晶体呈片状或板状，集合体呈鳞片状、土状（图17-29）。

[物理性质] 斜绿泥石呈草绿至淡橄榄绿色，条痕为白色；玻璃光泽或珍珠光泽，透明至不透明，一组完全解理；莫氏硬度为$2.0 \sim 2.5$，密度为$2.6 \sim 2.8$ g/cm^3。

[成因] 斜绿泥石产于接触变质、热液变质和区域变质岩中。

[用途] 作为矿物研究和收藏。

图17-29　斜绿泥石

21 鲕绿泥石 (Chamosite)

[化学成分] 化学式为$(Fe^{2+},Mg,Fe^{3+})_6(Si,Al)_4O_{10}(OH,O)_8$。

[晶系与形态] 晶体属单斜晶系。鲕绿泥石多呈粒状、板状、块状集合体（图17-30）。

[物理性质] 鲕绿泥石呈深灰色至黑色，条痕为绿灰色；玻璃光泽至土状光泽，半透明，一组完全解理；莫氏硬度为3.0，密度为$3.0 \sim 3.4$ g/cm^3。

[成因] 鲕绿泥石产于变质铁矿床中。

[用途] 巨大的鲕绿泥石层状体可作为铁矿石开采。

图17-30　鲕绿泥石

22 葡萄石 (Prehnite)

图 17-31 葡萄石

[化学成分] 化学式为 $Ca_2Al_2Si_3O_{10}(OH)_2$。

[晶系与形态] 晶体属斜方晶系。葡萄石多呈板状、片状、葡萄状（图 17-31）、肾状、放射状或块状集合体。其石面上有一颗颗凸起的色块，状如葡萄，故名。

[物理性质] 葡萄石的颜色从浅绿色至灰色，条痕为无色；玻璃光泽至珍珠光泽，半透明，解理完全，参差状断口；莫氏硬度为 6.0～6.5，密度为 2.8～3.0 g/cm^3。

[成因与产地] 葡萄石产于热液蚀变岩中，主要产在玄武岩和其他基性喷出岩的气孔和裂隙中，常与沸石类、硅硼钙石、方解石和针钠钙石等矿物共生，是基性斜长石经热液蚀变的产物。

葡萄石主要产于我国四川的泸州、乐山等地。

[用途] 质量好的葡萄石可作为宝石。

23 首饰原料——鱼眼石 (Fluorapophyllite-(k))

(a)

图 17-32 鱼眼石

(b)

[化学成分] 化学式为 $KCa_4(Si_4O_{10})_2F\cdot8H_2O$。

[晶系与形态] 晶体属斜方晶系。鱼眼石的晶体呈柱状、板状，或假立方状（图 17-32）。

[物理性质] 鱼眼石无色，或呈黄色、绿色、紫色和粉红色，条痕为白色；玻璃光泽至珍珠光泽，透明或半透明，解理完全，参差状断口；莫氏硬度为 4.0～5.0，密度为 2.3～2.4 g/cm^3。

[成因与产地] 鱼眼石与沸石一起，产于玄武岩、花岗岩、片麻岩中。

世界的主要产地包括英国、澳大利亚、印度、巴西、捷克、意大利。

[用途] 鱼眼石是制作各种首饰的珍贵原料。

24 识水性的黏土矿物——海泡石 (Sepiolite)

图17-33 海泡石

[化学成分] 化学式为$Mg_4Si_6O_{15}(OH)_2 \cdot 6H_2O$。

[晶系与形态] 晶体属斜方晶系。海泡石多呈块状、土状或纤维状集合体（图17-33）。

[物理性质] 海泡石呈白色、浅灰色、暗灰色、黄褐色、玫瑰红色、浅蓝绿色，条痕为白色；土状光泽，不透明，解理完全，贝壳状断口；莫氏硬度为2.0，密度为2.0 g/cm^3。海泡石具有滑感和涩感，黏舌。

海泡石有一个奇怪的特点，遇水时会吸收很多水而变得柔软，而一旦干燥又重新变硬。

[成因] 海泡石主要产于海相沉积-风化改造型矿床中，亦出现于热液矿脉中。

[**用途**] 海泡石具有吸附性、流变性和催化性。吸附能力使其成为极有价值的漂白剂、净化剂、过滤剂、废油吸附回收剂，以及医药、农药载体。流变性使其成为有价值的增稠剂、悬浮剂、触变剂，以及应用于各种化妆品、牙膏、肥皂、油漆、涂料等。其催化剂性质，可用于氧化、裂解、聚合等催化反应。此外，海泡石收缩率低，可塑性好，比表面大，吸附性强，还具有脱色、隔热、绝缘、抗腐蚀、抗辐射及热稳定等性能，可用于化工、医药、建筑、农业等领域。

趣闻逸事
海泡石的妙用

公元前206年，大谋士张良跟随汉高祖刘邦进抵坝上。当时，刘邦的部队非常困难，行军帐篷不能满足要求，过半士兵只能风餐露宿。张良给刘邦献计，将一种遇水变柔、干燥变硬的石头研磨成粉，与泥土混成泥巴，建造军帐。因张良的字是子房，所以大家称这种泥巴军帐为"子房"。泥巴子房，冬暖夏凉，温湿宜人，令人神清气爽。后经科学验证，那种遇水变柔、干燥变硬的石头即为海泡石，具有非金属矿物中最大的比表面积和独特的内部孔道结构，是公认的吸附甲醛、苯等有害气体最强的黏土矿物。

25 硅孔雀石 (Chrysocolla)

[化学成分] 化学式为$(Cu,Al)_2H_2Si_2O_5(OH)_4 \cdot n(H_2O)$。

[晶系与形态] 晶体系斜方晶系。硅孔雀石为隐晶质或胶状集合体，多以皮壳状、葡萄状、纤维状或辐射状集合体呈现（图17-34，35）。

[物理性质] 硅孔雀石的颜色以蓝、蓝绿到绿色为主，条痕为淡绿色；土状光泽或玻璃光泽，半透明至不透明；莫氏硬度为2.5～3.5，密度为1.9～2.4 g/cm^3。

[成因与产地] 硅孔雀石是一种次生的含铜矿物，主

图17-34 硅孔雀石

石英　　　　　　　硅孔雀石

图17-35　硅孔雀石

要产在含铜矿床的氧化带中，常与孔雀石、蓝铜矿、赤铜矿、自然铜共生。此外，硅孔雀石也常和玉髓相伴出现，为部分蓝色或绿色玉髓的重要内含物。

世界的主要产地有我国台湾，以及美国、墨西哥、英国、捷克等。

[用途] 硅孔雀石可用来提炼铜，但它并不是重要的铜矿原料。少数硅孔雀石被用来收藏或观赏。

26 蓝绿色晶体——水硅矾钙石 (Cavansite)

[化学成分] 化学式为$Ca(VO)Si_4O_{10} \cdot 4H_2O$。

[晶系与形态] 晶体属斜方晶系。水硅矾钙石的晶体多呈放射状，集合成球状（图17-36）。

[物理性质] 水硅矾钙石呈亮蓝色、绿色，条痕为蓝白绿色；玻璃光泽，半透明；莫氏硬度为3.0～4.0，密度为2.2～2.3 g/cm³。

[成因] 水硅矾钙石作为次生矿物，产于玄武岩和安山岩中，常与沸石共生。

[用途] 水硅矾钙石中漂亮的蓝绿色标本，可被用于收藏或观赏。

(a)

(b)

(c)

图17-36　水硅矾钙石

第十八章

架状硅酸盐矿物

　　架状硅酸盐的结构是一个三维骨架，它在不同方向上的展布一般不如链状和层状硅氧骨干那样具有明显的异向性，因而，矿物常表现出近于等轴状的外形，具有多方向的解理、硬度较高等特征。在架状硅酸盐矿物中，石英分布最广，约占地壳总质量的12.6%。

1 水晶王国——石英 (Quartz)

[化学成分] 化学式为 SiO_2。

[晶系与形态] 晶体属三方晶系。石英的晶体常呈带尖顶的六方柱状，柱面有横纹，类似于六方双锥状的尖顶，实际上是由两个菱面体单形所形成的，集合体通常呈粒状、块状或晶簇、晶腺等。

[物理性质] 石英无色，或呈灰色、棕色、紫色、黑色等，条痕为白色；透明，玻璃光泽，解理不明显，贝壳状断口；莫氏硬度为7.0，密度为 $2.6 \sim 2.7 \ g/cm^3$。石英受压或受热能产生压电效应。

[成因与产地] 石英是最重要的造岩矿物之一，在火成岩、沉积岩、变质岩中均有广泛分布。

巴西是世界著名的水晶出产国。

[用途] 一般石英可作为玻璃原料。石英及其变种可作为天然宝石，还可作为雕刻工艺的原料。无裂隙、无缺陷的水晶单晶用作压电材料，制造石英谐振器和滤波器。

知识链接

石英的变种

石英因粒度、颜色、包裹体等不同而有许多变种。无色透明的石英，称为水晶 (Rock Crystal，图18-1)。紫色水晶 (Amethyst)，俗称紫晶 (图18-2)。烟黄色、烟褐色至近黑色的水晶，俗称茶晶、烟晶 (Smoky Quartz，图18-3) 或墨晶 (Black Quartz，图18-4)。黄色的水晶，称为黄水晶 (Citrine，图18-5)。玫瑰红色的水晶，俗称芙蓉石或蔷薇石英 (图18-6)。二氧化硅晶粒小于几微米时，呈肾状、钟乳状的灰色至黑色隐晶质石英，称为玉髓、燧石。岩石中由细小石英微晶形成的具不同颜色同心条带构造的晶腺，称为玛瑙 (图18-7)；玛瑙晶腺内部有明显可见的液态包裹体的，俗称玛瑙水胆。石英中含毛发状金红石包裹体的，称为金发晶 (图18-8)。石棉假象硅化物，具金黄色或红棕色，且有猫眼效应的，称为虎睛石，亦名虎眼石 (图18-9，10)。

碧玉为一种含杂质较多的玉髓，其中氧化铁和黏土矿物等杂质含量可达20%以上，不透明，颜色多呈暗红色、绿色或杂色，按颜色命名可称红碧玉、绿碧玉等。

图18-1 水晶   图18-2 紫水晶

图18-3　烟水晶

图18-4　墨水晶

图18-9　虎睛石原石

图18-5　黄水晶

图18-10　虎睛石

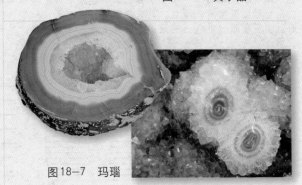

图18-7　玛瑙

图18-8　金发晶

图18-6　蔷薇石英

工艺水晶与天然水晶

天然水晶是在自然条件下形成的，又称为石英晶体。工艺水晶，又称为工艺石英、仿水晶，以加铅玻璃或稀土玻璃为主要材料，无杂质，透明度较好。

一次，吴先生从国外商场买了一件水晶饰品，回国后经有关机构检测，鉴定为仿水晶。吴先生确认商标上写的是"Crystal"，怎么会是玻璃制品的仿水晶呢？吴先生经咨询专家后得知，此"水晶"并非他认为的水晶。在国内，水晶往往是指石英晶体，也就是天然水晶。而西方国家认为只要是透明的都是水晶（Crystal），水晶这个词包含了无色透明的仿水晶。对于天然水晶，国外称为石水晶（Rock Crystal）。

宝石的猫眼效应

石英等晶体中含有纤维状、管状、针状包裹体。如果把宝石晶体切磨成弧面形，并使针状体居于中间位置，针状体延长方向与弧面的长轴方向垂直，使包裹体与宝石底面平行。当光照射到宝石上时，这些包裹体对光产生集中反射作用。这时，人们可以见到宝石中出现了一条明亮的光带，我们称之为活光。如果转动宝石，活光随之而闪动，类似猫的眼睛。随着宝石的晃动或改变光照的角度，光线能灵活地移动或自由地开合变化，由宽变窄，或一条亮带成二三条，再合成一条亮带，就如黑夜中猫的眼睛一样闪现。这种奇特的光学现象便是"猫眼效应"（图18-11）。如果纤维状包裹体沿着几个方向分布，就可同时在两个或三个方向上具有猫眼效应。这种特殊的光学效应称为"星光效应"。

具有猫眼效应的宝石很多，据统计多达30种，如金绿宝石、绿柱石、磷灰石、石英、蓝晶石、电气石、辉石等。宝石学界把具有猫眼效应的金绿宝石，称为猫眼石。一般所说的猫眼石指的是金绿猫眼宝石，而其他具有猫眼效应的宝石，一般在"猫眼"二字之前加上宝石的名称，如海蓝宝石猫眼、电气石猫眼、石英猫眼等。变石猫眼，也称亚历山大猫眼石，既有变色又有猫眼现象。

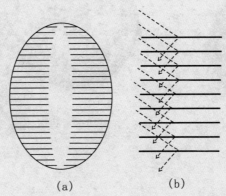

(a) 弧面形宝石晶体含针状包裹体，(b) 光线沿针状包裹体的反射。
图18-11　猫眼效应的产生机理

石英与矽肺病

石英本身无毒，但是吸入肺中会导致硅肺，旧称矽肺，是长期吸入大量含游离二氧化硅粉尘微粒引起的以肺纤维化为主要病变的全身性疾病。直径大于5微米的硅尘难以进入肺泡，往往被阻滞于上呼吸道，即使进入气管及支气管，也能通过纤毛黏液防御系统排出体外，而不致病。小于5微米，特别是1~2微米大小的硅尘微粒容易吸入肺泡，并进入肺泡间隔而致病。二氧化硅物理性能是非常稳定的。吸入肺泡的粉尘被肺泡巨噬细胞吞噬，这些粉尘对巨噬细胞有毒性作用，吞噬硅尘的巨噬细胞变性坏死，这些被破坏的巨噬细胞碎片及粉尘又会被新的巨噬细胞吞噬。较严重的硅肺最终可因肺功能不全和其他合并症，而致人死亡。

② 欧泊——蛋白石 (Opal)

[化学成分] 化学式为 $SiO_2 \cdot n(H_2O)$。

[晶系与形态] 蛋白石为非晶质结构，无一定的外形，常为致密块状、粒状、土状、钟乳状、结核状、多孔状等集合体。

[物理性质] 蛋白石呈白色、黄色、红色、棕色、蓝色等，条痕为白色；玻璃光泽，贝壳状断口；莫氏硬度为 5.5 ~ 6.0，密度为 1.9 ~ 2.3 g/cm^3。

蛋白石的变种俗称欧泊（图 18-12）。因观看角度不同而显示颜色闪光的，称贵蛋白石（图 18-13）。有猫眼效应的，称蛋白石猫眼。根据颜色不同，分为白蛋白石、黑蛋白石和火蛋白石。

[成因与产地] 含水的二氧化硅胶体凝固后就成为蛋白石。蛋白可以在几乎所有岩石中生成，一般发现在石灰岩、砂岩和玄武岩中。

自 19 世纪以来，澳洲一直是蛋白石的主要产地。世界上的其他产地有捷克、美国、巴西、墨西哥和南非。我国辽宁西部地区发现有蛋白石矿。

[用途] 色彩光泽随角度变化的蛋白石是贵重宝石，可作为精美的雕刻用料。

图 18-12 蛋白石

③ 长石族 (Feldspar group)

[化学成分] 长石族矿物是一类常见的含钙、钠和钾的铝硅酸盐类造岩矿物，包括十几种矿物，可划分为碱性长石和斜长石两个亚族。碱性长石有正长石、透长石和微斜长石；斜长石按其中钙长石和钠长石的相对含量，又划分出不同的矿物种。

[晶系与形态] 晶体属单斜或三斜晶系。长石族矿物晶体主要呈板状，或沿某一结晶轴延伸的板柱状，双晶现象十分普遍。

[物理性质] 长石族矿物无色，或呈白色、黄色、粉红色、绿色、灰色、黑色等，有的还具有美丽的变彩或晕色；玻璃光泽；莫氏硬度为 6.0 ~ 6.5，密度为 2.0 ~ 2.5 g/cm^3。

图 18-13 贵蛋白石

[成因与产地] 长石在地壳中所占的比例高达60%，在火成岩、变质岩、沉积岩中都可出现。

我国长石资源丰富，分布规模较大的有湖南衡山、山西闻喜、山东新泰等。

[用途] 富含钾或钠的长石，主要用于陶瓷工业、玻璃工业及搪瓷工业。含有铷和铯等稀有元素的长石，可作为提取这些元素的矿物原料。色泽美丽的长石，可作为装饰石料和次等宝石。

4 正长石 (Orthoclase)

图18-14 正长石

[化学成分] 化学式为 $KAlSi_3O_8$。

[晶系与形态] 晶体属单斜晶系。正长石的晶体呈短柱状或厚板状(图18-14)，双晶现象十分普遍。

[物理性质] 正长石无色，或呈白色、肉红色、灰黄色、粉红色等，条痕为白色；透明至半透明，玻璃光泽，两组的解理交角为90°，断口不平坦；莫氏硬度为6.0，密度为 $2.6\ g/cm^3$。

无色透明的正长石变种，称为冰长石(图18-15)。

图18-15 冰长石

[成因] 正长石广泛分布于酸性和碱性成分的岩浆岩、火山碎屑岩中，在钾长片麻岩和花岗混合岩，以及长石砂岩和硬砂岩中也有分布。

[用途] 正长石是陶瓷业和玻璃业的主要原料，也可用于制取钾肥。

5 宝石——透长石 (Sanidine)

图18-16 透长石

[化学成分] 化学式为 $KAlSi_3O_8$。透长石在高温和快速冷却时，可含较多的钠元素。

[晶系与形态] 晶体属单斜晶系。透长石的晶体呈短柱状或厚板状(图18-16)。它是碱性长石在高温态时稳定的单斜多形。

[物理性质] 透长石无色，或呈白色、灰色、浅红白色等，条痕为白色；透明至半透明，玻璃光泽，解理完全，断口不平坦；莫氏硬度为6.0，密度为 $2.5\ g/cm^3$。

[成因] 透长石产于酸性火山岩。

[**用途**] 透长石的透明晶体可直接用作宝石。

⑥ 天河石——微斜长石 (Microcline)

[化学成分] 化学式为$KAlSi_3O_8$。

[晶系与形态] 晶体属三斜晶系。微斜长石的晶体呈短柱状或厚板状(图18–17),多有格子双晶。微斜长石是碱性长石在较低温时稳定存在的三斜多形。

[物理性质] 微斜长石的颜色一般与正长石相同,但有绿色的变种,称为天河石(图18–18),条痕为白色;透明至半透明,玻璃光泽,解理完全,断口不平坦;莫氏硬度为6.0,密度为2.6 g/cm^3。

图18–17 微斜长石

[成因与产地] 微斜长石在酸性和中性侵入岩中分布较广,也产于伟晶岩、热液蚀变岩和变质岩中。

世界上的代表产地有巴西、美国和加拿大。我国主要产地有四川、内蒙古、云南、江苏。

[**用途**] 微斜长石可用来提取铷和铯,并可用作装饰石料、玻璃熔剂、陶瓷配料。微斜长石的高级品可用作宝石,也可用于制作雕刻品。

图18–18 天河石

⑦ 歪长石 (Anorthoclase)

[化学成分] 化学式为$(Na, K)AlSi_3O_8$。歪长石是高温钠长石–透长石固熔体系列的中间成员。

[晶系与形态] 晶体属三斜晶系。歪长石的晶体呈块状、粒状、片状、柱状(图18–19)。它是碱性长石在高温时稳定存在的三斜多形。

[物理性质] 歪长石呈白色、灰色、淡粉色,条痕为白色;透明,玻璃光泽,解理完全,断口不平坦;莫氏硬度为6.0,密度为2.6 g/cm^3。

[成因] 歪长石一般见于富钠的长石质火山岩中,如碱性流纹岩、粗面岩、响岩等。

[**用途**] 歪长石是陶瓷原料。高级品可用作宝石。

图18–19 歪长石

8 斜长石 (Plagioclase)

[化学成分] 斜长石属于钠长石(Ab)-钙长石(An)类质同象系列的长石矿物总称。化学成分常用钙长石含量的百分比表示（An%），也称为斜长石的An牌号。共分为六个矿物种：钠长石（An_{0-10}）、奥（更）长石（An_{10-30}）、中长石（An_{30-50}）、拉长石（An_{50-70}）、倍长石（An_{70-90}）和钙长石（An_{90-100}）。

[晶系与形态] 晶体属三斜晶系。斜长石的晶体多呈柱状或板状，常见聚片双晶，在晶面或解理面上可见细而平行的双晶纹（图18-20）。

[物理性质] 斜长石呈白至灰白色，有些呈微浅蓝或浅绿色，条痕为白色；半透明，玻璃光泽，解理完全，断口不平坦；莫氏硬度为6.0，密度为2.6 g/cm³。

[成因与产地] 斜长石广泛分布于岩浆岩、变质岩和沉积碎屑岩中。

世界各地均有斜长石分布。

[用途] 斜长石是陶瓷业和玻璃业的主要原料。色泽美丽者可用作宝玉石材料。

图18-20 斜长石

知识链接

独山玉

独山玉又称"南阳玉"或"南玉"（图18-21），产于河南省南阳市城区北边的独山，主要含矿的地质体为次闪石化辉长岩和变辉长岩，玉矿体为成群出现的蚀变斜长岩小脉。独山玉的主要矿物成分是斜长石和黝帘石，其次为铬云母、透辉石、钠长石、阳起石、黑云母等。玉石的颜色与矿物成分相关。透明的玉石与含斜长石有关，白色不透明的与含黝帘石有关，绿色的与含铬云母有关，紫色的与含黑云母有关，黄色的与含绿帘石有关。矿物颗粒细小，粒径一般小于0.05毫米。玉石具有质地细腻、致密坚硬等特点。

图18-21 独山玉

9 月光石——钠长石 (Albite)

[化学成分] 化学式为$NaAlSi_3O_8$。

[晶系与形态] 晶体属三斜晶系。钠长石的晶体呈块状、粒状、片状、柱状（图18-22）。

[物理性质] 钠长石呈白色、灰白色，条痕为白色；透明至半透明，玻璃光泽，解理完全，断口不平坦；莫氏硬度为7.0，密度为2.6 g/cm³。

月光石（图18-23）是由两种长石交替形成的。其中，冰长石和钠长石混合组成最常见。质量好的月光石呈半透明状，有似波浪漂游的蓝光。这是由于正长石中溶有钠长石，钠长石在正长石晶体内定向分布，两种长石的层状晶体相互平行交生，折射率略有差异，从而出现干涉色。

[成因与产地] 钠长石在伟晶岩和长英质火成岩如花

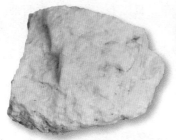

图18–22　钠长石

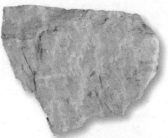

图18–23　月光石

岗岩中最常见，亦见于低级变质岩中，并作为自生钠长石见于一些沉积岩中。

月光石产于特殊的岩脉和伟晶岩脉中，但是有价值的来自砂矿和风化层中。

世界上的重要产地是斯里兰卡、印度、缅甸、巴西、马达加斯加、美国、澳大利亚。我国内蒙古有出产。

[用途] 钠长石可用来制造玻璃和陶瓷。月光石可用作宝玉石材料。

> **知识链接**
>
> **水沫子**
>
> 近年来，在翡翠市场上出现了一种被玉石商家称为“水沫子”的玉石（图18–24）。由于这种玉石水头好，质地细腻，有的带有似云雾状或山水画状的灰绿色条带，而受到人们的重视。其中好的品种可以雕刻挂件或切成手镯，且价格昂贵。
>
> 水沫子的主要矿物组成是低温钠长石，含量占90%以上，其次有硬玉、绿帘石、阳起石、石英，应定名为钠长岩玉或钠长石玉。水沫子半透明至透明，油脂光泽或玻璃光泽；莫氏硬度为6.0，密度为2.6 g/cm^3。
>
> 水沫子的透明度、光泽、莫氏硬度和密度，与水晶、翡翠、月光石均十分相似，因此，通过这些物理性质极难区分它们。但是通过红外光谱无损测试，可以区分水沫子和相似宝玉石。
>
>
> 图18–24　水沫子

10　日光石——奥长石 (Oligoclase)

[化学成分] 奥长石又称更长石，化学式为(Na, Ca)(Si, Al)$_4$O$_8$。它一般由70%～90%的钠长石和10%～30%的钙长石分子组成。

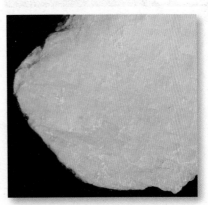

[晶系与形态] 晶体属三斜晶系。奥长石的晶体常呈平行板状形态，集合体呈块状或粒状等形态（图18–25），常见双晶。

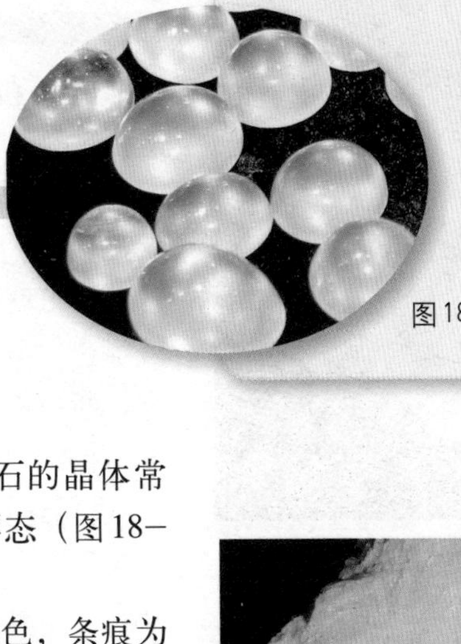

[物理性质] 奥长石无色，或呈灰色或褐色，条痕为白色；透明至半透明，玻璃光泽，解理完全，断口不平坦；莫氏硬度为7.0，密度为2.6～2.7 g/cm^3。

奥长石混合钠长石或金属矿物后，呈肉红色，并由于含鳞片状镜铁矿细微包裹体，而显现金黄色闪光的变种，称为日光石（图18–26）。

[成因与产地] 奥长石主要见于中酸性火成岩中，也是许多变质岩的主要组成矿物。

图18–25　奥长石

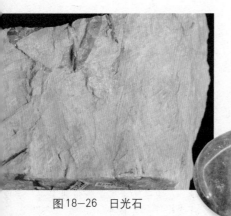

图18-26 日光石

世界各地均有奥长石分布。日光石主要来自墨西哥、美国、挪威等。

[用途] 奥长石可以作为玻璃或陶瓷工业原料。日光石可用作宝玉石材料（图18-27）。

(a)　　　　　　　　　　　　　　(b)

图18-27　日光石工艺品

11　中长石 (Andesine)

[化学成分] 化学式为$(Na, Ca)(Si, Al)_4O_8$。中长石一般由50%～70%的钠长石和30%～50%的钙长石分子组成。

[晶系与形态] 晶体属三斜晶系。中长石的晶体呈柱状或板状，聚片双晶较普遍（图18-28）。

[物理性质] 中长石呈白至灰白色，有时微带浅蓝色、浅绿色，条痕为白色；透明至半透明，玻璃光泽，解理完全，断口不平坦；莫氏硬度为7.0，密度为2.7 g/cm³。

[成因] 中长石主要见于火成岩和变质岩中。

[用途] 中长石可以作为玻璃或陶瓷工业原料。

图18-28　中长石

12　带晕彩的矿物——拉长石 (Labradorite)

[化学成分] 化学式为$(Ca, Na)(Si, Al)_8O_8$。拉长石一般由30%～50%的钠长石和50%～70%的钙长石分子组成。

[晶系与形态] 晶体属三斜晶系。拉长石的晶体多呈板状或柱状（图18-29）。

[物理性质] 拉长石呈灰、褐至黑色，可用作宝石的

拉长石有红、蓝、绿色的晕彩，条痕为白色；透明至半透明，玻璃光泽，解理完全，断口不平坦；莫氏硬度为7.0，密度为2.7 g/cm³。

由于拉长石常具聚片双晶或具有因固溶体析离形成的钠长石微细交互层，致使其具有一些特殊的光学效应。有的拉长石具晕彩，称虹彩拉长石。

[成因与产地] 拉长石广泛出现于各种中性、基性和超基性岩中。

图18-29　拉长石

宝石级拉长石的重要产地是加拿大拉布拉多北部海岸。此外，还来自美国俄勒冈州的来克县沃伦谷、得克萨斯州的阿尔平、加利福尼亚州的莫索克县。马达加斯加产有大块的玉石级拉长石。

[用途] 拉长石可用作装饰材料。有晕彩的拉长石被当作宝石。

13　培长石 (Bytownite)

[化学成分] 化学式为$(Ca, Na)(Si, Al)_4O_8$。培长石一般由10%~30%的钠长石和70%~90%的钙长石分子组成。

[晶系与形态] 晶体属三斜晶系。培长石的晶体呈柱状或板状，聚片双晶较普遍（图18-30）。

[物理性质] 培长石呈灰色、无色、白色，条痕为白色；透明至半透明，玻璃光泽，解理完全，断口不平坦；莫氏硬度为7.0，密度为2.7 g/cm³。

[成因] 培长石广泛出现于各种中性、基性和超基性岩中。

图18-30　培长石

[用途] 培长石可以作为玻璃或陶瓷工业原料。

14　钙长石 (Anorthite)

[化学成分] 化学式为$CaA_{l2}Si_2O_8$。

[晶系与形态] 晶体属三斜晶系。钙长石的晶体呈柱状或板状（图18-31），双晶比较常见。

[物理性质] 钙长石呈褐色或深褐色，条痕为白色；透明至半透明，玻璃光泽，解理完全，断口不平坦；莫

图18-31　钙长石

氏硬度为6.0，密度为2.7～2.8 g/cm³。

[成因与产地] 钙长石产于基性火成岩中。

世界上的主要产地有意大利、瑞典、印度、日本和美国的新泽西州。

[用途] 钙长石可以作为玻璃或陶瓷工业原料。

15 似长石 (Fieldspathoids)

[化学成分] 似长石也称副长石。它的化学组成与长石相似，金属阳离子为钾、钠或钙，但Si/Al比值小于3，这样的一些无水架状结构铝硅酸盐矿物总称似长石，包括霞石、白榴石、方柱石、钙霞石和方钠石等。

[成因] 似长石产出在富含碱质而贫于硅的条件下，不与石英共生。它是碱性岩石的主要造岩矿物。

[用途] 似长石可以作为玻璃或陶瓷工业原料。

16 霞石 (Nepheline)

[化学成分] 化学式为$NaAlSiO_4$。霞石是最主要的似长石矿物。

[晶系与形态] 晶体属六方晶系。霞石的晶体呈六方短柱状、厚板状，集合体呈粒状或致密块状（图18-32）。

[物理性质] 霞石无色，或呈灰白色，含杂质时呈浅黄、浅绿或浅红等色，条痕为白色；透明至半透明，玻璃光泽，解理不明显，贝壳状断口；莫氏硬度为6.0，密度为2.6～2.7 g/cm³。

[成因与产地] 霞石产于富钠贫硅的碱性火成岩和伟晶岩中。

世界上的著名产地有挪威、瑞典、俄罗斯的科拉半岛和伊尔门山、肯尼亚、罗马尼亚等地。

[用途] 霞石可以作为玻璃或陶瓷工业原料。

图18-32 霞石

17 白榴石 (Leucite)

[化学成分] 化学式为$KAlSi_2O_6$。

[晶系与形态] 晶体属四方晶系。白榴石的晶体呈四角三八面体，也常呈立方体和菱形十二面体的聚形（图18-33）。

图18-33 白榴石

[物理性质] 白榴石呈白色或黄白色，条痕为白色；透明至半透明，玻璃光泽，解理不明显，贝壳状断口；莫氏硬度为6.0，密度为2.5 g/cm³。

[成因与产地] 白榴石出现于富钾贫硅的喷出岩及浅成岩中。

世界上的著名产地为意大利的维苏威火山和美国的白榴石山。我国江苏铜井的白榴石响岩中储有大量白榴石。

[用途] 白榴石可用于提取钾、铝及工业明矾。含白榴石的岩石风化后形成的土壤常较肥沃。

18 方钠石 (Sodalite)

[化学成分] 化学式为$Na_4Al_3Si_3O_{12}Cl$。

[晶系与形态] 晶体属等轴晶系。方钠石的晶体呈菱形十二面体、立方十二面体、八面体，集合体呈粒状、块状、结核状（图18-34）。

图18-34 方钠石

[物理性质] 方钠石呈蓝色、灰色、白色、绿色或红色，条痕为白色；透明至半透明，玻璃光泽，解理不明显，贝壳状断口；莫氏硬度为6.0，密度为2.3 g/cm³。

[成因与产地] 方钠石主要产在霞石正长岩、粗面岩和响岩等火成岩，或接触变质的硅卡岩中，常与霞石、白榴石、长石、锆石等矿物共生。

世界上的主要产地有法国、巴西、格陵兰岛、俄罗斯、缅甸、罗马尼亚和北美地区。

[用途] 方钠石是一种常见的宝石（图18-35）。

图18-35 方钠石宝石

19 黝方石 (Nosean)

图18-36 黝方石

[化学成分] 化学式为 $Na_8Al_6Si_6O_{24}(SO_4) \cdot H_2O$。

[晶系与形态] 晶体属等轴晶系。黝方石一般呈块状集合体（图18-36）。

[物理性质] 黝方石呈蓝色、灰色、白色、棕色、绿色，条痕为蓝白色；透明至半透明，玻璃光泽，解理完全，贝壳状断口；莫氏硬度为5.5~6.0，密度为2.3~2.4 g/cm^3。

[成因] 黝方石主要产在低硅富碱的火成岩中。

[用途] 黝方石可用作宝石。

20 蓝方石 (Hauyne)

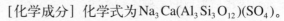

图18-37 蓝方石

[化学成分] 化学式为 $Na_3Ca(Al_3Si_3O_{12})(SO_4)$。

[晶系与形态] 晶体属等轴晶系。蓝方石的晶体呈菱形十二面体，通常呈粒状集合体（图18-37）。

[物理性质] 蓝方石呈天蓝色、蓝色或绿蓝色，条痕为蓝白色；透明至半透明，玻璃光泽，解理完全，贝壳状断口；莫氏硬度为5.0~6.0，密度为2.4~2.5 g/cm^3。

[成因与产地] 蓝方石主要产在低硅富碱的火成岩中。世界上的重要产地为德国和摩洛哥的古火山。

[用途] 蓝方石可用作宝石。

21 阿拉伯国家的瑰宝——青金石 (Lazurite)

图18-38 青金石原石

图18-39 青金石

[化学成分] 化学式为 $Na_3Ca(Al_3Si_3O_{12})S$。

[晶系与形态] 晶体属等轴晶系。青金石的晶体呈菱形十二面体，集合体呈致密块状、粒状（图18-38,39）。

[物理性质] 青金石呈深蓝色、紫蓝色、天蓝色、绿蓝色，条痕为

浅蓝色；透明至半透明，玻璃光泽，解理不完全，贝壳状断口；莫氏硬度为5.5，密度为2.4 g/cm³。

青金石与方钠石的区别在于，方钠石的条痕为白色；青金石常含有黄铁矿包裹体，方钠石一般不含黄铁矿；方钠石的密度较小。

[成因与产地] 青金石产于接触交代矽卡岩中。

世界上的主要产地有美国、阿富汗、蒙古、缅甸、智利、加拿大、巴基斯坦、印度和安哥拉等国。

[用途] 青金石既可用作玉雕，又可制作首饰。青金石被阿拉伯国家视为"瑰宝"。

22 日光榴石 (Helvine)

[化学成分] 化学式为 $Mn_4Be_3(SiO_4)_3S$。

[晶系与形态] 晶体属等轴晶系。日光榴石的晶体呈四面体或八面体聚形，集合体呈粒状或致密块状、球状（图18-40）。

[物理性质] 日光榴石呈褐色、棕黄色、黄色、黄绿色或灰色，条痕为灰白色；半透明至不透明，玻璃光泽至树脂光泽，解理不完全，性脆；莫氏硬度为6.0～6.5，密度为3.2～3.4 g/cm³。

[成因与产地] 日光榴石产于矽卡岩、伟晶岩和蚀变岩中。

德国、加拿大、美国、中国、挪威、芬兰、阿根廷、俄罗斯、匈牙利、墨西哥、日本等国均有日光榴石产出。

[用途] 日光榴石是提取铍的矿石矿物。透明色美者可用作宝石。

图18-40　日光榴石

23 方柱石 (Scapolite)

[化学成分] 方柱石是方柱石族矿物的总称，化学组成上属于 $Na_4Al_3Si_9O_{24}Cl - Ca_4Al_6Si_6O_{24}(CO_3)$ 完全类质同象系列，两个端员组分别为钠柱石（Marialite）和钙柱石(Meionite)。硫酸方柱石(Silvialite)也属于该族矿物。天然产出的方柱石多具类质同象系列的中间成分，通称

图18-41　方柱石

为普通方柱石。

[晶系与形态] 晶体属四方晶系。方柱石的晶体呈四方柱和四方双锥的聚形，集合体呈粒状、不规则柱状或致密块状（图18-41）。

[物理性质] 方柱石呈灰色、灰黄色、灰绿色、浅黄绿色等，条痕为白色；半透明至不透明，玻璃光泽，解理不完全，性脆，断口不平坦，莫氏硬度为6.0，密度为$2.6 \sim 2.8 \, g/cm^3$。方柱石有荧光现象。

[成因与产地] 方柱石常见于矽卡岩或气成热液岩石中，产于富含钙的变质岩中，尤其是在大理岩、片麻岩、麻粒岩、绿片岩中。

世界上的著名产地有巴西的米纳斯吉拉斯州、马达加斯加、瑞士和缅甸等地。

[用途] 色泽美丽的方柱石可用作宝石。

24　天然分子筛——沸石 (Zeolite)

[化学成分] 沸石是沸石矿物家族的总称，包括数十种含钙、钠、钾、钡、锶等元素的架状铝硅酸盐矿物。

[晶系与形态] 晶体所属晶系随矿物种的不同而不同。沸石矿物的晶体形态呈等轴状、板状、针状或纤维状、块状等。

[物理性质] 沸石无色或呈白色，可因混入杂质而呈各种浅色；玻璃光泽，半透明至不透明；莫氏硬度为$5.0 \sim 6.0$，密度为$2.0 \sim 3.0 \, g/cm^3$。

[成因与产地] 沸石主要形成于低温热液阶段。常见于喷出岩，特别是玄武岩的孔隙中，也见于沉积岩、变质岩及热液矿床和某些近代温泉沉积中。

浙江省缙云县是目前我国境内发现的沸石储量最高的地区。

[用途] 沸石晶格中存在大小不同的孔腔，可以吸取或过滤大小不同的其他物质分子。工业上常将其作为分子筛，用以净化或分离混合成分的物质，如气体分离、石油净化、处理工业污染等。沸石还可用作离子交换剂、吸附分离剂、干燥剂、催化剂、水泥混合材料。

图18-42　方沸石

25 方沸石 (Analcime)

[化学成分] 化学式为$NaAlSi_2O_6 \cdot H_2O$。

[晶系与形态] 晶体属三斜晶系。方沸石呈自形晶或粒状集合体（图18-42, 43）。

[物理性质] 方沸石呈白色、灰白色、淡绿白色、淡黄白色、淡红白色，条痕为白色；玻璃光泽，透明至半透明，玻璃光泽，解理不完全，贝壳状断口；莫氏硬度为5.0，密度为2.3 g/cm^3。

[成因与产地] 方沸石常见于玄武岩中。

世界上的主要产地有苏格兰、北爱尔兰、冰岛、格陵兰岛、挪威、意大利等。我国内蒙古的鄂尔多斯发现有方沸石。

图18-43　方沸石

26 铯沸石 (Pollucite)

[化学成分] 化学式为$CsAlSi_2O_6 \cdot n(H_2O)$。

[晶系与形态] 晶体属等轴晶系。铯沸石通常呈致密块状集合体（图18-44）。

[物理性质] 铯沸石无色，或呈白色、灰色、蓝色、淡粉红色，条痕为白色；玻璃光泽，透明，解理完全，断口不平坦；莫氏硬度为6.5，密度为2.9 g/cm^3。

[成因] 铯沸石见于富锂伟晶岩。

[用途] 铯沸石是提取铯和制取铯盐的重要矿石矿物。

图18-44　铯沸石

27 浊沸石 (Laumontite)

[化学成分] 化学式为$CaAl_2Si_4O_{12} \cdot 4H_2O$。

[晶系与形态] 晶体属单斜晶系。浊沸石呈自形晶或粒状集合体（图18-45）。

[物理性质] 浊沸石呈棕色、灰色、黄色、珍珠白色、粉红色，条痕为白色；玻璃光泽，透明至半透明，解理完全，贝壳状断口；莫氏硬度为3.5～4.0，密度为2.3～2.4 g/cm^3。

图18-45　浊沸石

[成因] 浊沸石是玄武岩和安山岩中的次生矿物，也见于变质岩和花岗岩中，为含铜矿脉。

[用途] 浊沸石主要用作离子交换剂、吸附分离剂、干燥剂、催化剂、水泥混合材料。

28 新中国发现的第一个新矿物 ——香花石 (Hsianghualite)

图18-46 香花石

[化学成分] 化学式为 $Li_2Ca_3Be_3(SiO_4)_3F_2$。

[晶系与形态] 晶体属等轴晶系。香花石的晶体多呈立方体、四面体、菱形十二面体等，集合体为球状、块状（图18-46）。

[物理性质] 香花石呈乳白色或米黄色，条痕为白色；透明至半透明，玻璃光泽；莫氏硬度为6.5，密度为 $3.0\ g/cm^3$。

[成因] 香花石主要产于花岗岩与石灰岩的接触带。

[用途] 主要用作矿物收藏。

29 钙菱沸石 (Chabazite-Ca)

图18-47 钙菱沸石

[化学成分] 化学式为 $Ca_2Al_4Si_8O_{24} \cdot 13H_2O$。

[晶系与形态] 晶体属三斜晶系。钙菱沸石的晶体呈假立方体、晶簇状（图18-47）。

[物理性质] 钙菱沸石无色，或呈绿色、黄色、白色、粉色，条痕为白色；透明至半透明，玻璃光泽，解理不完全，不平坦断口；莫氏硬度为4.0，密度为 $2.1 \sim 2.2\ g/cm^3$。

[成因] 钙菱沸石主要产于玄武岩及相关岩石的杏仁状孔洞中。

[用途] 钙菱沸石被用作离子交换剂、吸附分离剂、干燥剂、催化剂、水泥混合材料。

30 钠八面沸石 (Faujasite-Na)

[化学成分] 化学式为 $(Na, Ca, Mg)_2 (Si, Al)_{12} O_{24} \cdot 15H_2O$。

[晶系与形态] 晶体属等轴晶系。钠八面沸石的晶体呈晶簇状（图18-48）。

[物理性质] 钠八面沸石无色，或呈白色、浅棕色，条痕为白色；透明至半透明，玻璃光泽，解理完全，不平坦断口；莫氏硬度为5.0，密度为1.9 g/cm³。

图18-48 钠八面沸石

[成因] 钠八面沸石主要产于基性火山岩和变辉石岩中。

[用途] 钠八面沸石被用作离子交换剂、吸附分离剂、干燥剂、催化剂、水泥混合材料。

31 交沸石 (Harmotome)

[化学成分] 化学式为 $Ba_2 (Si_{12} Al_4) O_{32} \cdot 12H_2O$。

[晶系与形态] 晶体属单斜晶系。交沸石的晶体常呈十字形贯穿双晶，具有假正方或假立方的外形（图18-49）。

[物理性质] 交沸石呈白色、灰色、淡黄色、淡红色、淡褐色，条痕为白色；亚透明至半透明，玻璃光泽，解理中等，断口不平坦；莫氏硬度为4.0~5.0，密度为2.4~2.5 g/cm³。

图18-49 交沸石

[成因] 交沸石产于响岩、粗面岩和玄武岩的气孔中，与其他沸石共生，也见于热液铅锌矿脉。

[用途] 交沸石被用作离子交换剂、吸附分离剂、干燥剂、催化剂、水泥混合材料。

32 钙片沸石 (Heulandite-Ca)

[化学成分] 化学式为 $NaCa_4 (Si_{27} Al_9) O_{72} \cdot 24H_2O$。

[晶系与形态] 晶体属单斜晶系。钙片沸石的晶体呈板状或柱状，集合体呈针状（图18-50）。

[物理性质] 钙片沸石呈白色、红色、灰色、棕色等，条痕为白色；透明至半透明，玻璃光泽，解理完全，

图18-50 钙片沸石

断口不平坦；莫氏硬度为3.0～3.5，密度为2.2 g/cm³。

[成因] 钙片沸石主要形成于低温的各种地质环境，如火山岩、变质岩、伟晶岩和深海沉积物中。

[**用途**] 钙片沸石被用作离子交换剂、吸附分离剂、干燥剂、催化剂、水泥混合材料。

33 钠辉沸石 (*Stilbite-Na*)

[化学成分] 化学式为$Na_9(Si_{27}Al_9)O_{72} \cdot 28H_2O$。

[晶系与形态] 晶体属单斜晶系。钠辉沸石呈板状或十字形贯穿双晶，集合体呈板状、片状、纤维状（图18-51）。

[物理性质] 钠辉沸石呈白色、淡黄色、淡褐色或淡红色，条痕为白色；透明至半透明，玻璃光泽或珍珠光泽，解理完全，贝壳状断口；莫氏硬度为3.5～4.0，密度为2.1～2.2 g/cm³。

[成因] 钠辉沸石主要形成于玄武岩质火山岩的裂隙或杏仁状气孔中。

[**用途**] 钠辉沸石被用作离子交换剂、吸附分离剂、干燥剂、催化剂、水泥混合材料。

(a)

图18-51 钠辉沸石

钠辉沸石
鱼眼石

(b)　　　　(c)

34 钠沸石 (Natrolite)

[化学成分] 化学式为 $Na_2(Si_3Al_2O_{10}) \cdot 2H_2O$。

[晶系与形态] 晶体属斜方晶系。钠沸石通常呈放射状晶簇，亦呈角锥状、纤维状、块状、粒状或致密状集合体（图18-52）。

[物理性质] 钠沸石无色，或呈白色、红色、黄白色、红白色，条痕为白色；透明至半透明，玻璃光泽或丝绢光泽，解理完全，脆性；莫氏硬度为5.5～6.0，密度为2.3 g/cm³。

[成因与产地] 钠沸石主要形成于玄武岩的裂隙或杏仁状气孔中。

世界上的著名产地为捷克的波西米亚、法国的普伊秋、意大利的特伦提诺、美国纽泽西州的伯治丘。

[用途] 钠沸石被用作离子交换剂、吸附分离剂、干燥剂、催化剂、水泥混合材料。

图18-52 钠沸石

35 中沸石 (Mesolite)

[化学成分] 化学式为 $Na_2Ca_2(Si_9Al_6)O_{30} \cdot 8H_2O$。

[晶系与形态] 晶体属单斜晶系。中沸石的晶体呈针状，通常呈放射状集合体，有时形成球粒状（图18-53）。

[物理性质] 中沸石呈白色、灰色、淡黄色，条痕为白色；透明至半透明，玻璃光泽或丝绢光泽，解理完全，断口不平坦；莫氏硬度为5.0，密度为2.2～2.4 g/cm³。

[成因] 中沸石主要形成于玄武岩的裂隙或杏仁状气孔中。

[用途] 中沸石被用作离子交换剂、吸附分离剂、干燥剂、催化剂、水泥混合材料。

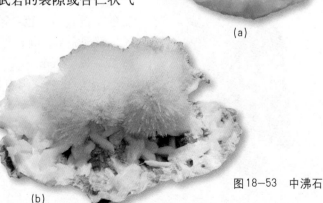

(a)

(b)

图18-53 中沸石

36 钙沸石 (Scolecite)

[化学成分] 化学式为$Ca(Si_3Al_2)O_{10} \cdot 3H_2O$。

[晶系与形态] 晶体属单斜晶系。钙沸石的晶体呈柱状或针状，也常见纤维状、块状集合体（图18-54）。

[物理性质] 钙沸石无色，或呈白色、灰色、淡黄黄色、浅粉红色等，条痕为白色；透明至半透明，玻璃光泽或丝绢光泽，解理完全，断口不平坦；莫氏硬度为$5.0 \sim 5.5$，密度为$2.2 \sim 2.4$ g/cm^3。

[成因与产地] 钙沸石产于玄武岩、响岩等喷发岩的气孔和裂隙中。

优质钙沸石的大晶体见于印度浦那和巴西南里奥格兰德州。

[用途] 钙沸石被用作离子交换剂、吸附分离剂、干燥剂、催化剂、水泥混合材料。质优的可用作宝石。

图18-54　钙沸石

37 钙杆沸石 (Thomsonite-Ca)

[化学成分] 化学式为$NaCa_2(Al_5Si_5)O_{20} \cdot 6H_2O$。

[晶系与形态] 晶体属斜方晶系。钙杆沸石的晶体呈长柱状、放射状、纤维状，集合体常呈球状（图18-55）。

[物理性质] 钙杆沸石无色，或呈白色、浅黄色、粉红色，条痕为白色；透明至半透明，玻璃光泽或丝绢光泽，解理完全，断口贝壳状；莫氏硬度为$5.0 \sim 5.5$，密度为$2.3 \sim 2.4$ g/cm^3。

[成因] 钙杆沸石产于玄武岩的气孔和裂隙中。

[用途] 钙杆沸石被用作离子交换剂、吸附分离剂、干燥剂、催化剂、水泥混合材料。

图18-55　钙杆沸石

38 丝光沸石 (Mordenite)

[化学成分] 化学式为$(Ca,Na_2,K_2)_4(Al_8Si_{40})O_{96} \cdot 28H_2O$。

[晶系与形态] 晶体属斜方晶系。丝光沸石的晶体呈针状、纤维状，集合体呈束状和放射状（图18-56）。

[物理性质] 丝光沸石无色，或呈白色、浅绿色、黄色、粉红色，条痕为白色；透明至半透明，玻璃光泽或丝绢光泽，解理完全，断口不平坦；莫氏硬度为5.0，密度为$2.1 \sim 2.2 \ g/cm^3$。

[成因] 丝光沸石产于安山岩的孔洞中。

[用途] 丝光沸石被用作离子交换剂、吸附分离剂、干燥剂、催化剂、水泥混合材料。

图18-56　丝光沸石

39 柱沸石 (Epistilbite)

[化学成分] 化学式为$Ca_3(Si_{18}Al_6)O_{48} \cdot 16H_2O$。

[晶系与形态] 晶体属三斜晶系。柱沸石的晶体呈柱状、纤维状、放射状，常见双晶构造（图18-57）。

[物理性质] 柱沸石呈白色、淡黄色、淡红色、淡褐色，条痕为白色；透明至半透明，玻璃光泽，解理完全，断口不平坦；莫氏硬度为$4.0 \sim 5.0$，密度为$2.2 \sim 2.3 \ g/cm^3$。

[成因] 柱沸石是玄武岩中的蚀变产物。

[用途] 柱沸石被用作离子交换剂、吸附分离剂、干燥剂、催化剂、水泥混合材料。

图18-57　柱沸石

第十九章

岩石的分类和识别

　　一种或多种矿物有规律地组合而成的集合体形成岩石。地球的地壳主要是由岩石组成的，它是地质作用的产物。虽然组成地壳的岩石的面貌千变万化，但是从它们形成的环境，也就是从成因上来划分，可以分为三大类：岩浆岩、沉积岩和变质岩。

1 识别三大类岩石

识别三大类岩石，主要通过岩石的成因、岩石的产状、结构与构造、矿物成分等特征进行（表19-1）。

岩石的产状，是指岩体的形状、大小、与围岩的接触关系，以及形成环境。

岩石的结构，是指组成岩石的矿物的结晶程度、大小、形态，以及晶粒之间或晶粒与玻璃质之间的相互关系，如等粒结构、斑状结构、玻璃质结构、变晶结构、变余结构等。其中，变晶结构是指岩石经变质作用在固态下重结晶形成的晶质结构；变余结构是指变质岩中由于重结晶作用不完全，仍然保留的原岩结构。

岩石的构造，是指组成岩石的矿物集合体的形状、大小、空间的相互关系及充填方式，即这些矿物集合体的组合的几何学的特征，如层理构造、块状构造、流纹构造、气孔状构造、晶洞构造等。

变质岩与岩浆岩相比，变质岩为变质结构，具有典型的变质矿物，有些具有片理构造，而岩浆岩却无这些特征。变质岩与沉积岩相比，其区别更加明显，沉积岩具有层理构造，常含有生物化石，而变质岩则无这些特征。同时，在沉积岩中除去化学岩和生物化学岩外，一般不具有结晶粒状结构，而变质岩则大部分是重结晶的岩石，只是结晶程度有所不同而已。

表19-1　三大类岩石的主要识别特征

	岩浆岩	沉积岩	变质岩
矿物成分	均为原生矿物，常见的有石英、长石、角闪石、辉石、橄榄石、黑云母等（火山岩中有玻璃质）	除石英、长石、白云母等原生矿物外，有次生矿物，如方解石、白云石、高岭石、海绿石等（可有岩石碎屑、生物碎屑和胶结物）	除原岩的矿物成分外，有典型的变质矿物，如绢云母、绿泥石、石榴子石等
岩石结构	以粒状结晶、斑状结构为其特征	以碎屑、泥质、生物碎屑结构为其特征	以变晶、变余、压碎结构为其特征
岩石构造	具流纹、气孔、杏仁、块状构造	具层理构造，有些含生物化石	具片理、片麻理、板状、块状构造
岩石产状	以侵入岩岩基或岩脉、喷出岩火山锥或岩流出现，呈不规则状	有规律的层状	随原岩产状而定

② 岩浆岩

    岩浆岩，也叫火成岩，是岩浆在侵入到地壳上部或喷出到地表冷却固结，并经过结晶作用而形成的岩石，约占地壳总体积的65%。岩浆是在地壳深处或上地幔产生的高温炽热、黏稠、含有挥发分的硅酸盐熔融体，是形成各种岩浆岩和岩浆矿床的母体。至今，地球上已经发现700多种岩浆岩，大部分是在地壳里面的岩石。

    （1）根据岩浆岩的产状，可将岩浆岩分为侵入岩和火山岩两种。

    侵入岩，指侵入在地壳一定深度上的岩浆经缓慢冷却而形成的岩石，主要呈岩基、岩株、岩瘤和岩枝状产出（图19-1）。依据岩浆侵入的深度，又分为深成岩和浅成岩。深成岩是指岩浆在地壳内部3 000米以下，在压力和温度较高的条件下，缓慢冷凝、凝固而生成的全晶质粗粒岩石，如花岗岩、闪长岩、辉长岩等。浅成岩是指岩浆侵入地壳内部1 500～3 000米的深度，在压力和温度不太高的条件下，较快冷凝而成的细粒、隐晶质和斑状结构岩石，如橄辉玢岩、花岗斑岩等。"玢岩"和"斑岩"仅用于浅成岩中斑状结构的岩石。其中，"玢岩"的斑晶以斜长石和暗色矿物为主，"斑岩"的斑晶则以石英、碱性长石和似长石为主。

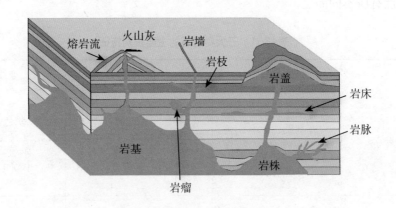

图19-1　岩浆岩产状示意图

    火山岩，也叫喷出岩，是由火山喷发的熔岩形成的。在地幔和地壳下部，岩石部分融熔形成的岩浆喷出地表后快速冷却，形成细粒矿物晶体。熔浆可以是在火山爆发时从火山口喷流出来的，也可以是沿断裂溢流出来的。熔浆的化学成分不同，冷却凝固后形成的岩石也不同。

    狭义的火山岩指各种熔岩。熔岩是指由熔浆冷却凝固而形成的岩石。没有冷却的熔浆可以沿山坡或者河谷流动，其前端多呈舌状，称为熔岩流。大面积的熔岩流冷凝而形成的岩石为熔岩被。一般而言，基性的火山岩为玄武岩，中性的火山岩为安山岩，酸性的火山岩为流纹岩，半碱性和碱性的火山岩为粗面岩和响岩。火山岩多具气孔、杏仁和流纹等构造，或多呈玻璃质、隐晶质或斑状结构。玻璃质的黑曜岩、珍珠岩、松脂岩、浮岩等火山岩，称为火山玻璃岩。

广义的火山岩包括火山碎屑岩，主要是火山喷发碎屑由空中坠落就地堆积或沉积而成，火山碎屑占50%以上的岩石。根据火山碎屑的含量，分为火山碎屑熔岩类和正常火山碎屑岩类。按照粒度，可细分为集块岩、角砾岩和凝灰岩三个等级。火山碎屑熔岩类的成岩方式为熔浆胶结，火山碎屑一般不定向。正常火山碎屑岩类，又可分为熔结火山碎屑岩亚类和普通火山碎屑岩亚类。熔结火山碎屑岩亚类的成岩方式以熔结为主，具有明显的假流动构造。普通火山碎屑岩亚类的成岩方式以压紧胶结为主，也有部分火山灰分解物，层状构造一般不明显。

(2) 根据 SiO_2 的含量，可以将岩浆岩分为四大类：超基性岩、基性岩、中性岩和酸性岩；进一步根据（$Na_2O + K_2O$）的含量，可以分为钙碱性系列－碱性系列。代表性的岩浆岩类别如表19-2所示。

表19-2　岩浆岩的化学成分分类

岩类	SiO_2 (%)	Na_2O+K_2O (%)		深成岩	浅成岩	火山岩
超基性岩	<45	钙碱性	<3.5	橄榄岩	苦橄玢岩	苦橄岩
		偏碱性	>3.5	—	金伯利岩	玻基辉橄岩
		过碱性	>3.5	—	霓霞岩,碳酸岩	霞石岩
基性岩	45～53	钙碱性	约3.6	辉长岩	辉绿岩	拉斑玄武岩
		碱性	约4.6	碱性辉长岩	碱性辉绿岩	碱性玄武岩
		过碱性	约7	碱性辉长岩	碱性辉绿岩	碱玄岩
中性岩	53～66	钙碱性	约5.5	闪长岩	闪长玢岩	安山岩
		偏碱性	约9	二长岩	二长斑岩	粗安岩
		碱性	约9	正长岩	正长斑岩	粗面岩
		过碱性	约14	霞石正长岩	霞石正长斑岩	响岩
酸性岩	>66	钙碱性	约6	花岗岩	花岗斑岩	流纹岩
		碱性	约8	碱性花岗岩	霓细花岗岩	碱性流纹岩

（3）造岩矿物。

组成岩浆岩的矿物，常见的有20多种，主要包括长石、石英、云母、角闪石、辉石和橄榄石等硅酸盐矿物，以及少量的磁铁矿、钛铁矿、锆石、磷灰石和榍石等副矿物。这些构成岩石的矿物称为造岩矿物。

按照化学成分和颜色等特点，造岩矿物可分为两大类。一是硅铝矿物，即硅与铝的含量较高的、不含铁、镁的铝硅酸盐矿物，如石英、长石和似长石类矿物。由于它们的颜色浅，故也称为浅色或淡色矿物。二是铁镁矿物，即富镁、铁、钛、铬的硅酸盐和氧化物矿物，如橄榄石、辉石、角闪石和黑云母类等。由于它们的颜色深，故也称为深色或暗色矿物。浅色矿物和暗色矿物含量的比例，是鉴别岩浆岩的重要标志之一。

知识链接

熔浆的流动

由于熔浆化学成分的差异，其黏稠性和流动速度亦不同。基性熔浆一般含二氧化硅较少，黏性小，流速大。酸性熔浆含有二氧化硅较多，黏性大，流速小。熔岩冷凝过程中，由于岩石导热性和地表形态的差异，可形成波状熔岩、绳状熔岩、块状熔岩、熔岩瀑布和熔岩隧道等各种形态。

（4）岩浆岩的分类和命名。

侵入岩的分类和命名，是以实际矿物含量为基础。首先统计岩石中暗色矿物的含量（M值）。对于M值 < 90%的岩石，进一步统计岩石中石英(Q)、斜长石(P)(An > 5%)[①]、碱性长石(A)(包括An < 5%的钠长石)、似长石(F)的含量，用QAPF双三角图分类。在去掉M值的基础上，实测的三种矿物的含量总和换算为100%投影点，最后根据投影点落入的区域，确定岩石的基本名称（图19-2）。对于M值 ≥ 90%的岩石，属于超镁铁质岩石，按所含镁铁矿物来分类，分为橄榄岩、辉石岩和角闪岩。

火山岩的分类和命名，采用TAS (Total Alkali and Silica) 图解（图19-3）。TAS适用于未蚀变的火山岩。将实测的SiO_2与（$Na_2O + K_2O$）三种化学成分的百分比含量投影到TAS图中，根据投影点落入的区域，确定岩石的基本名称。

岩浆岩的简易分类，可以根据主要矿物的相对含量来确定（图19-4）。石英是岩浆中SiO_2过饱和的指示矿物，橄榄石是岩浆中SiO_2不足的指示矿物，岩浆岩中石英与镁橄榄石不共生。同样，霞石、白榴石等似长石类矿物与石英不共生，当有过量SiO_2存在时，形成正长石类矿物。

[①] An是指斜长石牌号，表示钙长石组分的含量。

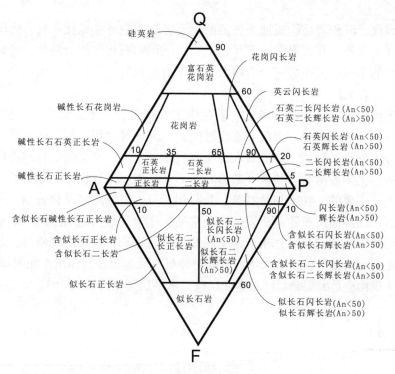

图19-2　侵入岩的分类和命名

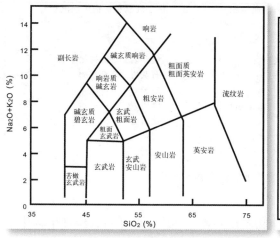

图19-3　火山岩中 SiO_2-(Na_2O+K_2O) 图解

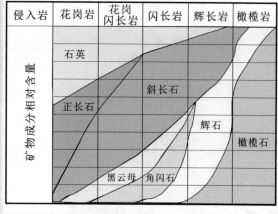

图19-4　岩浆岩的简易分类方案

3　沉积岩

沉积岩，指在地表或近地表不太深的地方形成的一种岩石类型。从地球表面到地下16千米深，沉积岩约占整个岩石圈体积的5%。但是在地球表面，约70%的岩石是沉积岩。因此，沉积岩是构成地壳表层的主要岩石。它是由风化产物、火山物质、有机物质等碎屑物质，在常温常压下经过搬运、沉积和石化作用，最后形成的岩石。根据形成作用的不同，沉积岩可分为四大类：碎屑沉积岩、生物化学沉积岩、化学沉积岩和其他沉积岩类。

碎屑沉积岩，是由母岩风化和剥蚀作用的碎屑物质所形成的，又称陆源碎屑岩。除小部分在原地沉积外，大部分都经过搬运、沉积等过程。根据碎屑颗粒大小，又可进一步分为砾岩、砂岩、粉砂岩和泥质岩（图19-5）。碎屑沉积岩的物质成分主要由碎屑物质、化学胶结物、基质（杂基）三部分组成。碎屑物质可分为矿物碎屑和岩石碎屑两类。主要的矿物碎屑是石英、长石和云母。岩石碎屑又称岩屑，可以是各种类型的岩石，以细晶质或隐晶质岩屑较为常见。化学胶结物是从溶液中形成的化学沉淀物质，对碎屑物质起胶结作用，常见的胶结物有钙质、铁质、硅质等。基质是充填于碎屑颗粒之间的细粒机械混入物，它们对碎屑物质也起胶结作用，如泥质基质的胶结。常见的沉积构造是大型斜层理和递变层理、水平层理等（图19-6）。

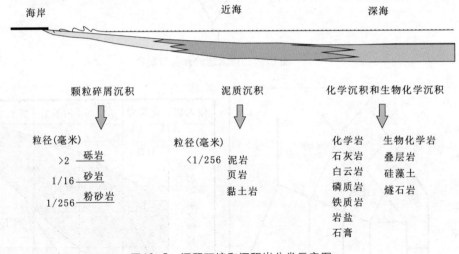

图19-5　沉积环境和沉积岩分类示意图

图19-6　沉积构造

当生物利用水或空气中的物质时，经过生物化学作用就形成了生物化学沉积岩。大多数类型的石灰岩是由生物的钙质骨骼形成的，如珊瑚、软体动物和有孔虫等。煤炭是由植物中的碳与其他元素相结合而形成的。燧石的形成是由微生物硅质骨骼的积累，如放射虫和硅藻。

当溶液中的矿物质达到过饱和时，可形成无机沉淀物，经过长期的沉积作用，形成化学沉积岩石。

常见的化学沉积岩包括鲕粒灰岩和蒸发矿物岩，如岩盐、钾盐、重晶石、石膏等。

　　其他沉积岩类，包括火山－沉积碎屑岩类和其他比较少见的沉积岩。其中，火山－沉积碎屑岩类分为沉积火山碎屑岩亚类和火山碎屑沉积岩亚类。沉积火山碎屑岩亚类中，火山碎屑含量占50%～90%，成岩方式为化学沉积物及黏土物质胶结和压结，一般成层构造明显，基本岩石有沉集块岩、沉火山角砾岩、沉凝灰岩。火山碎屑沉积岩亚类中，火山碎屑含量占10%～50%，成岩方式为化学沉积物及黏土物质胶结和压结，一般成层构造明显，基本岩石有凝灰质砾岩（角砾岩）、凝灰质砂岩、凝灰质粉砂岩、凝灰质泥岩、凝灰质化学岩。

4　变质岩

　　在地壳形成和发展过程中，早先形成的固态岩石，包括沉积岩、岩浆岩，由于后来地质环境和物理化学条件的变化，在地球内部的高温高压作用下，发生物质成分的迁移和重结晶，形成新的矿物组合，而形成一种新的岩石，这种岩石称为变质岩。如果变质作用于岩浆岩，则形成正变质岩；如果变质作用于沉积岩，则生成副变质岩。按照变质作用类型和成因，把变质岩分为动力变质岩类、接触变质岩类、区域变质岩类和混合岩类。

　　动力变质岩类，是由于地壳构造运动所引起的，使局部地带的岩石发生变质而形成的。在断层带上经常可见此类变质岩。由于此类受变质的岩石主要是在强大的定向压力之下造成的，所以产生的变质岩石常常破碎不堪。根据破碎的程度，有破碎角砾岩、碎裂岩、糜棱岩等。

　　接触变质岩类，是由岩浆沿地壳的裂缝上升，停留在某个部位上，侵入到围岩之中，因为高温，发生热力变质作用，使围岩在化学成分基本不变的情况下，出现重结晶作用和化学交代作用而形成的。可分为热接触变质岩类岩（包括大理岩、石英岩、角岩）和接触变质交代岩类（包括矽卡岩、蛇纹岩）。

　　区域变质岩类，分布面积很大，变质的因素多而且复杂，几乎所有的变质因素（如温度、压力、化学活动性的流体等）都参加了

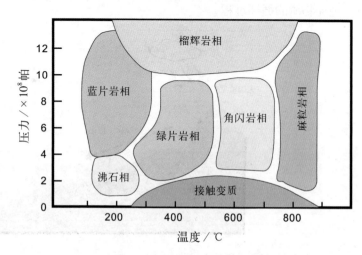

图19-7　区域变质岩相示意图

成岩作用。凡寒武纪以前的古老地层出露的大面积变质岩，以及寒武纪以后"造山带"内所见到的变质岩分布区，均可归于区域变质作用类型，可分为低级变质岩、中级变质岩、高级变质岩。就岩石类型而言，包括板岩、千枚岩、片岩与片麻岩等。变质相是应用物理化学的概念来研究变质岩中的矿物组合及其形成时的物理化学件。区域变质岩相的分类如图19-7。其中，沸石属于很低级的变质岩相，随着温度升高，由低级的绿片岩相、中级的角闪岩相到高级变质的麻粒岩相。若随着压力的增加，则形成高压变质岩相——蓝片岩相和榴辉岩相。

混合岩类，是在区域变质的基础上，地壳内部的热流继续升高，于是在某些局部地段，熔融浆发生渗透、交代或贯入于变质岩系之中，形成一种深度变质的混合岩，这种过程称为混合岩化作用。

5 岩石的循环

三大类岩石都是在特定的地质条件下形成的，但是它们在成因上又紧密联系，其中任何一类都可由其他两大类岩石衍生而来。这三大类岩石互相转变的现象，称为岩石的循环（图19-8）。例如，出露于地表的岩浆岩、变质岩及沉积岩，在水、冰、大气等各种地表营力的作用下，经风化、剥蚀、搬运、沉积及成岩作用，可以重新形成沉积物，沉积物经成岩作用形成沉积岩。沉积岩经构造运动的作用可卷入或埋藏到地下深处，经变质作用形成变质岩。沉积岩和变质岩当受到高温作用以至熔融时，可转变为岩浆。岩浆侵入地壳深处，通过冷却形成岩浆岩，或通过火山喷发形成火山岩。地壳深处的变质岩及岩浆岩，经构造运动的抬升与表层地质作用的风化与剥蚀，又可上升并出露于地表。地表的沉积岩、变质岩及岩浆岩再次进入形成沉积岩的阶段。因此，任何岩石既不是自古就有，也不是永远不变的，三大类岩石的这种相互转化就形成了地壳物质的循环过程。

图19-8 岩石的循环示意图

第二十章

侵入岩

　　侵入岩是指地下炽热岩浆侵入地壳内凝固而成的岩石，主要呈岩基、岩株、岩瘤和岩枝状产出。依据岩浆侵入的深度，又分为深成岩和浅成岩。深成岩一般为全晶质粗粒岩石，如橄榄岩、辉石岩、辉长岩、闪长岩、花岗岩等。浅成岩一般为细粒、隐晶质和斑状结构，如橄辉玢岩、花岗斑岩等。

① 纯橄榄岩(Dunite)和 橄榄岩(Peridotite)

图20-1 橄榄岩

[矿物成分] 纯橄榄岩和橄榄岩呈深绿色、黄绿色、褐绿色（图20-1）。纯橄榄岩几乎全部(90% ~ 100%)由橄榄石组成，橄榄岩主要由橄榄石(40% ~ 90%)和辉石构成，可含少量角闪石、黑云母或斜长石。它们的副矿物常为铬铁矿、磁铁矿。纯橄榄岩和橄榄岩易遭受次生变化，其中橄榄石变为蛇纹石，辉石和角闪石变为绿泥石等。

[结构与构造] 纯橄榄岩和橄榄岩具细粒−粗粒结构，常呈包含结构和海绵陨铁结构。

所谓包含结构，就是辉石晶体中包含有许多小的橄榄石颗粒，一般肉眼难于分辨，只有当辉石颗粒粗大而岩石又很新鲜时，在辉石闪闪发亮的解理面上可以清楚地见到镶嵌着许多小橄榄石颗粒。所谓海绵陨铁结构，则是在橄榄石或辉石颗粒的间隙中充填着磁铁矿等金属矿物。

[成因] 纯橄榄岩和橄榄岩为超基性侵入岩。

[矿产与用途] 有关的矿产包括铬铁矿、铜镍矿、钒钛磁铁矿和铂矿等。

在化学工业上，纯橄榄岩和橄榄岩可用作提取镁化合物和泻利盐的原料，与磷矿石掺合烧制钙镁磷肥，岩石微粉可用作硫酸镁肥和农药。在冶金工业上，它们可用于冶炼金属镁和用作冶金熔剂，还用于铸造业。

② 橄长岩(Troctolite)

[矿物成分] 橄长岩呈暗黑色（图20-2），主要矿物成分为富钙斜长石和橄榄石，有时含少量辉石。

[结构与构造] 橄长岩具中粒结构和块状构造，通常呈透镜体或夹层产出。

[成因] 橄长岩为超基性侵入岩。

[矿产与用途] 橄长岩中可有铜、镍、钴硫化物矿床。

图20-2 橄长岩

3 辉石岩(Pyroxenite)

[矿物成分] 辉石岩呈深黑色、黑灰色（图20-3）。它主要由透辉石或（和）紫苏辉石(90%～100%)组成，含少量橄榄石、角闪石、黑云母、铬铁矿、磁铁矿、钛铁矿等。根据辉石的不同，可分为斜方辉石岩、单斜辉石岩和二辉岩；根据次要矿物的不同，可分为黑云母辉石岩、角闪石辉石岩等。

[结构与构造] 辉石岩具中粗粒状结构和块状构造，通常呈透镜体或夹层产出。

[成因] 辉石岩为超基性侵入岩。

[矿产与用途] 有关矿产包括铬、镍、钴、铂等。辉石岩中的顽火辉石可用作陶瓷原料。

图20-3　辉石岩

4 辉石玢岩(Pyroxene porphyrite)

[矿物成分] 辉石玢岩呈灰黑色（图20-4）。它的斑晶和基质微粒的主要成分都是透辉石、普通辉石。

[结构与构造] 辉石玢岩具斑状结构和块状构造。

[成因] 辉石玢岩为超基性浅成侵入岩。

[矿产与用途] 辉石玢岩中含有铬、镍、钴、铂等矿产。

图20-4　辉石玢岩

5 辉长岩(Gabbro)

[矿物成分] 辉长岩呈黑色、灰黑色、深灰色（图20-5）。它的主要矿物为斜长石和辉石，二者比例接近1:1；次要矿物为橄榄石、角闪石、黑云母。

[结构与构造] 辉长岩具中－粗粒半自形粒状结构——辉长结构。（这种结构是指基性斜长石和辉石自形程度相同，都呈半自形或他形颗粒，是从岩浆同时析出的结果。）这是基性深成岩相的典型结构。辉长岩呈块状构造，也有条带状构造或韵律层构造。

[成因] 辉长岩是一种基性深层侵入岩石，常构成大小不等的岩盆、岩盖、岩床状侵入体。辉长岩为来源于

图20-5　辉长岩

图 20-6　辉绿岩

深部地壳或上地幔的玄武质岩浆经侵入作用形成，广泛分布于地壳的各种构造环境上。

　　辉长岩在月球上也广泛分布，其以贫硅、碱，富钙、钛为特征，并含有陨硫铁、自然金属铁等宇宙矿物。

　　[矿产与用途] 有关的主要矿产有铜、镍、钒、钛、铁等。

　　辉长岩体积密度大，孔隙度小，耐久性高，结构均匀，具美丽的花纹图案，磨光后极富装饰性，因而常用作高档饰面石材，也是良好的建筑材料。

⑥ 辉绿岩(Diabas)

　　[矿物成分] 辉绿岩呈暗绿色、深灰色、灰黑色（图 20-6）。它主要由辉石和基性长石组成，斜长石和辉石比例约 1:1，可呈斑晶，含少量橄榄石、黑云母、石英、磷灰石、磁铁矿、钛铁矿等。基性斜长石常蚀变为钠长石、黝帘石、绿帘石和高岭石；辉石常蚀变为绿泥石、角闪石和碳酸盐类矿物。因绿泥石的颜色而整体常呈灰绿色。按次要矿物的不同，辉绿岩可分为橄榄辉绿岩、石英辉绿岩，含沸石、正长石等的，称碱性辉绿岩。

　　[结构与构造] 辉绿岩呈显晶质，具细-中粒结构，常具辉绿结构。（辉绿结构是指基性斜长石和辉石颗粒大小相近，但是自形程度不同，自形程度好的斜长石呈板状，搭成三角形孔隙，其中充填他形的辉石颗粒。）可与辉长结构过渡，称辉长辉绿结构。

　　[成因] 辉绿岩为基性浅成侵入岩。

　　辉绿岩和辉长岩的成分差不多，但它形成得比较浅，不像辉长岩那样深，所以粒度较小。

　　[矿产与用途] 辉绿岩又名福建青、大湖青、青石，是上等建筑材料和铸石原料。

⑦ 闪长岩(Diorite)

　　[矿物成分] 闪长岩呈深灰色（图 20-7）。它为含 SiO_2（53%～66%）的中性深成岩，石英体积分数小于浅

色矿物的5%，主要由中性斜长石和普通角闪石组成，一般由约2/3的斜长石和1/3的暗色矿物组成。最常见的暗色矿物为角闪石、辉石和黑云母。

[结构与构造] 闪长岩的结构多为半自形粒状。斜长石的晶形一般较好，呈板柱状，矿物颗粒均匀，多为块状构造，常具环带构造。

[成因] 闪长岩是中性深成侵入岩，常呈小型岩体产出。

[**矿产与用途**] 闪长岩可用作建筑石料。

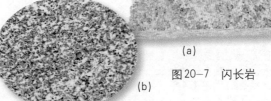

(a)

(b)

图20-7　闪长岩

⑧ 闪长玢岩
(Diorite porphyrite)

[矿物成分] 闪长玢岩多呈灰色及灰绿色（图20-8）。其矿物成分与深成岩闪长岩相同，主要矿物为中性斜长石和普通角闪石，斑晶多为斜长石和普通角闪石，偶见黑云母。

[结构与构造] 闪长玢岩具明显的斑状结构。

[成因] 闪长玢岩为中性浅成岩，常呈岩床、岩墙产状，或为闪长岩的边缘相。

[**矿产与用途**] 闪长玢岩可用作建筑石料。

图20-8　闪长玢岩

⑨ 花岗闪长岩(Granodiorite)

[矿物成分] 花岗闪长岩呈灰绿色或暗灰色（图20-9）。它的SiO_2含量在56%左右，石英含量在20%以上，主要矿物成分是石英、斜长石、钾长石，斜长石多于钾长石，暗色矿物含量较高，以角闪石和黑云母为主，副矿物有榍石、磷灰石、磁铁矿、锆石、褐帘石、独居石等。其中，斜长石占矿物总量的65%～90%，一般为酸性和中性斜长石。

与花岗岩相比，花岗闪长岩含较多的斜长石和暗色矿物（斜长石多于钾长石，而花岗岩反之），因此岩石的颜色比花岗岩稍深一些。

图20-9　花岗闪长岩

知识链接

花岗岩在建筑上的利用

花岗岩是人类最早发现和利用的天然岩石之一。在世界各地有许多古代开发利用花岗岩的遗迹，如4 000多年前古埃及人建造的金字塔、古希腊的神庙、古印度的寺庙圣窟、古罗马的斗兽场等。在我国，辽宁海城的析木巨大石大棚建筑是新石器时代晚期人们利用花岗岩的例证，西安碑林藏有公元前424年花岗岩石雕马。宋朝开发利用花岗岩已很普遍，如福建泉州开元寺塔高48米，完全用花岗岩建造。北京的"人民英雄纪念碑"高达37.94米，仅碑心的石重就达120吨，是取材于山东青岛的花岗岩。

花岗岩峰林地貌
——安徽黄山地质公园

黄山雄踞于风光秀丽的皖南山区，是以中生代花岗岩地貌为特征的地质公园。黄山以雄峻瑰奇而著称，千米以上的高峰有72座，峰高峭拔、怪石遍布。山体峰顶尖陡，峰脚直落谷底，形成山顶、山腰和山谷等处，广泛地分布有花岗岩石林石柱，奇峰耸立，巍峨雄奇（图20—11）。

在距今约1.4亿年前的晚侏罗纪，地下炽热岩浆沿地壳薄弱的黄山地区上侵，大约在距今6 500万年前后，黄山地区的岩体发生较强烈的隆升。随着地壳的间歇抬升，地下岩体及其上盖层遭受风化、剥蚀；同时也受到来自不同方向的各种地

（接下页）

[结构与构造] 花岗闪长岩常见半自形粒状结构，似斑状结构。

[成因] 花岗闪长岩为中酸性深成侵入岩。它在地球上的分布很广，地壳中34%的火成岩是花岗闪长岩。

[矿产与用途] 伴生的主要矿产有铜、铁等。

花岗闪长岩的材料特征与花岗岩类似。它可以被各种手段加工并可以磨光。

10 建筑石材——花岗岩(Granite)

[矿物成分] 花岗岩的SiO_2含量大于66%，石英含量大于20%，主要组成矿物为石英和碱性长石（图20—10）；暗色矿物一般在5%左右，很少达到10%，以黑云母为主，也可见角闪石和辉石。

当石英含量在30%左右、暗色矿物少于1%时，称为白岗岩。

[结构与构造] 花岗岩中花岗结构（亦称半自形粒状结构）最为普遍，以块状构造为主。（花岗结构的特征是暗色矿物自形程度较好，长石次之，石英呈他形充填在不规则的空隙中。）

[成因] 花岗岩为酸性深成侵入岩。

[矿产与用途] 花岗岩不易风化，颜色美观，外观色泽可保持百年以上。由于其硬度高、耐磨损，除了用作高级建筑装饰工程、大厅地面外，还是露天雕刻的首选之材。

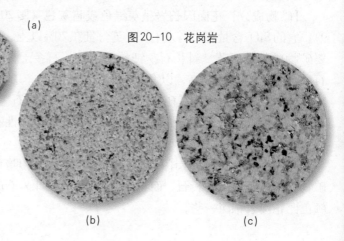

(a)

图20—10 花岗岩

(b) (c)

图20—11 花岗岩峰林地貌

图20—12 花岗岩冰川石林地貌

应力的作用，在岩体中又产生不同方向的节理。自第四纪（距今175万年）以来，岩体间歇性上升，终于形成了今天的黄山。黄山岩体是同源岩浆在地球胀缩中，多次脉动侵入形成的复式花岗岩。早期和主体期侵入的岩体分布在边缘和外围，颗粒较粗，补充期和末期侵入的岩体分布在内圈和中央，颗粒较细。黄山岩体呈中高外低明显的套叠式分布特征。在这些岩体中，由于在矿物组分、结晶程度、矿物颗粒大小、抗风化能力及节理的性质、疏密程度等多方面存在差异，形成了宛如鬼斧神工般的黄山美景。

花岗岩冰川石林地貌
——内蒙古阿斯哈图地质公园

"阿斯哈图"系蒙古语，意为"险峻的岩石"。阿斯哈图石林分布在大兴安岭最高峰——黄岗峰北约40千米、海拔1700米左右的北大山上。石林沿山脊呈北东向展布，分布面积约15平方千米，是一片由第四纪冰川造就而成的花岗岩冰川石林（图20—12）。构成石林的岩石是二长花岗岩—钾长花岗岩系列，俗称北大山岩体。它是在侏罗纪晚期，由地球内部的岩浆侵入冷凝而成，距今已有1.5亿～1.8亿年的历史。花岗岩体在冰盖冰川创蚀、掘蚀和冰川融化时流水的冲蚀作用下，由两组近于垂直节理和一组近于水平节理切割而成。石林在北大山山脊上平地而起，峥嵘险峻，远望鳞次栉比，有如远古仙人建筑的城堡。石林的主体层层叠叠，高矮不一，相对高度为5～30米，或成组成片，或突兀独立。此外，阿斯哈图石林还留存着大量的冰川遗迹，主要有岩臼、冰蚀槽、冰川漂砾、冰川撞击等现象。

11 花岗斑岩(Granite porphyry)

图20-13 花岗斑岩

[矿物成分] 花岗斑岩的斑晶含量为15% ~ 20%，主要为石英和长石，有时也有黑云母和角闪石（图20-13）。石英斑晶往往呈六方双锥状，钾长石为正长石或透长石，黑云母和角闪石有时可见暗化边。

[结构与构造] 花岗斑岩具斑状结构，斑晶主要为钾长石与石英，呈块状构造。

[成因] 花岗斑岩是花岗岩的浅成相岩石，以小岩株、岩瘤、岩盘、岩墙产出，或作为同期晚阶段的侵入体穿插于大花岗岩岩体中。

[矿产与用途] 花岗斑岩可用作建筑石料。

12 稀有元素矿床的母岩——伟晶岩(Pegmatite)

图20-14 伟晶岩

[矿物成分] 伟晶岩是由巨粒矿物组成的淡色结晶岩（图20-14）。矿物晶体很粗大，直径达数厘米至数米，主要成分为石英、长石和白云母，也含稀有元素矿物，如锡、钨、铋、钇、钍、铀、锂、铌、钽、铍、铯、稀土元素、锆和铪等。

[结构与构造] 伟晶岩是具有巨粒或粗粒结构的酸性至碱性脉岩，常呈脉状并成群产出。其岩石具粗粒伟晶结构、似文象结构及块状伟晶结构、交代结构。伟晶岩体的内部构造最重要的是带状构造，表现为一条伟晶岩脉从边部到中心，其结构构造、矿化特征等呈有规律的带状排列。

[成因] 伟晶岩是富含挥发性成分的硅酸盐残浆侵入到火成岩或围岩裂隙中缓慢结晶而成的。按照矿物的组合，可以分为花岗伟晶岩、霞石正长伟晶岩和辉长伟晶岩。

[矿产与用途] 花岗伟晶岩中，除水晶、长石和白云母为重要矿产外，还经常伴生含有稀有元素的矿物，如绿柱石、铌钽铁矿等，故为稀有元素矿床的重要母岩。

图20-15 可可托海三号伟晶岩脉

18　二长岩(Monzonite)

　　[矿物成分] 二长岩呈淡玫瑰色、灰色（图20-16）。它的主要矿物成分为斜长石（An30-50）、微斜长石和碱性长石，以及普通辉石、普通角闪石、黑云母等深色矿物。斜长石和碱性长石含量大致相当，石英含量大于5%。

　　[结构与构造] 二长岩的典型结构是二长结构。（二长结构是斜长石的自形程度高于碱性长石，他形的钾长石嵌在自形板状斜长石中。）其浅成相可具斑状结构，斑晶为斜长石和钾长石，称二长斑岩。

　　[成因] 二长岩属中性侵入岩。它可呈独立小岩株状产出，也可与正长岩、闪长岩伴生形成杂岩体。

　　[矿产与用途] 与二长岩有关的矿产主要是矽卡岩型铁矿。

图20-16　二长岩

14 正长岩(Syenite)

[矿物成分] 正长岩呈浅灰色、灰白色或玫瑰红色（图20-17）。其SiO_2（约60%）的含量与闪长岩相当，但碱质（氧化钠、氧化钾）含量稍高。它主要由长石角闪石和黑云母组成，不含或含极少量的石英，石英含量小于5%。长石中，碱性长石（通常为正长石、微斜长石、条纹长石）约占70%以上。正长岩的进一步分类命名主要以暗色矿物的种类为依据，如黑云母正长岩、角闪石正长岩等。

[结构与构造] 正长岩具半自形等粒状结构、斑状结构和块状或似片麻状等构造。

[成因] 正长岩属中性深成侵入岩，常呈小的岩株，与基性岩、碱性岩组成杂岩体。

[矿产与用途] 稀有、稀土和放射性矿产多与碱性正长岩有关。

它可用作建筑材料、装饰石料。新鲜而较纯的（暗色矿物极少或无）可作为陶瓷原料。富钾者可作为钾肥原料。

图20-17 正长岩

第二十一章

火山岩

火山岩是由熔浆冷却凝固而形成的岩石。熔浆可以是在火山爆发时从火山口喷流出来，也可以是沿断裂溢流出来。熔浆的化学成分不同，冷却凝固后所形成的岩石也不同。

金刚石矿产资源

世界上的金刚石矿产资源有限，储量较多的国家依次为澳大利亚、扎伊尔、博茨瓦纳、南非和俄罗斯。我国是金刚石矿产资源贫乏的国家之一，目前仅在辽宁、山东、湖南和江苏四省有探明储量。在辽宁东部发现两个含金刚石的金伯利岩体，有待进一步查明工业价值。

图 21-1　金伯利岩

① 金刚石的母岩—— 金伯利岩(Kimberlite)

[矿物成分] 金伯利岩（图21-1）的矿物成分复杂，一般可分三种类型。(1)原生矿物，如橄榄石、金云母、镁铝榴石、钛铁矿、磷灰石、金红石、金刚石等。(2)来自上地幔、地壳深处其他岩石或捕虏体的矿物，如石榴二辉橄榄岩和榴辉岩的橄榄石、斜方辉石、铬尖晶石、磁铁矿等，以及围岩包裹体中的白云石、方解石、榍石、电气石等。(3)蚀变次生矿物，如蛇纹石、磁铁矿、黄铁矿、黑云母、绿泥石和碳酸盐矿物等。其中，镁铝榴石是金伯利岩重要的特征矿物，也是寻找金刚石的指示矿物。

[结构与构造] 金伯利岩呈粗晶斑状结构、显微斑状结构、自交代结构，以及块状构造、角砾状构造及岩球构造等。其中，呈斑状结构的，斑晶主要为橄榄石和金云母；呈角砾状构造的，角砾成分有来自上地幔的碎块，也有来自浅部围岩的碎块。

[成因] 金伯利岩是一种形成于地球深部、含有大量碳酸气等挥发性成分的偏碱性超基性火山岩。

[矿产与用途] 与金伯利岩有关的矿产主要是金刚石，它是金刚石的母岩。但形成金刚石时，对金伯利岩形成机制要求严格，必须是在从高温高压突然爆破至低温低压的开放环境下方能形成金刚石。

② 玄武岩(Basalt)

[矿物成分] 玄武岩的主要矿物成分是基性长石和辉石，次要矿物有橄榄石、角闪石及黑云母等。岩石均为暗色，一般为黑色（图21-2），有时呈灰绿及暗紫色等。

[结构与构造] 玄武岩呈斑状结构，气孔构造和杏仁构造普遍。陆上形成的玄武岩呈绳状构造、块状构造和柱状构造，洋下形成的玄武岩常具枕状构造。

[成因] 玄武岩是一种基性火山岩，是地球洋壳的主要组成物质，也是月球上月海和月陆的重要组成物质。

[矿产与用途] 优良的玄武岩石料具有硬度大、强度

图 21-2　玄武岩

高、耐磨性好等特征，是高等级公路路面、机场跑道、铁路道砟的最佳石料。玄武岩也是生产铸石的主要原料。铸石具有较高的耐化学腐蚀性和耐酸性能，具有较大的硬度和机械强度，广泛应用于化工、冶金、电力、煤炭、建材、纺织和轻工等工业部门。玄武岩还是生产玄武岩纸、石灰水泥、装饰板材、人造纤维的原料，以及陶瓷工业中的节能原料。

知识链接

火山岩地貌
——黑龙江五大连池地质公园

五大连池是火山喷发的熔岩流堵塞了白河河道，形成五个串珠般的湖泊而得名的。五大连池火山群是我国最年轻的火山群之一，周围分布有14座火山和60多平方千米的熔岩台地。火山活动从27万～56万年前到近代的280多年前，有多次喷发。

按照岩石的化学特征，本区的熔岩主要为富钾质的玄武岩。熔岩流形成石龙、石海、熔岩瀑布、熔岩暗道、熔岩钟乳、熔岩旋涡、翻花熔岩、火山砾和火山弹等微地貌景观（图21-3）。火山锥主要由火山渣、火山集块岩、火山角砾岩、火山灰和浮岩组成，其间夹有薄层熔岩。

五大连池火山群保存着完好的火山口和各种火山熔岩构造。火山口虽然均已风化，但仍保持原始形态，多数呈椭圆形，直径在230～250米。南格拉球山的火山口最大，直径达500多米。火山口深度不同，老黑山最深，达136米，卧虎山最浅，仅10米。火山熔岩构造呈现多层流动单元构造、结壳熔岩构造、渣状熔岩构造、喷气溢流构造（喷气锥和喷气碟）、熔岩隧道构造等，以及浩渺的熔岩海，堪称火山奇观。

在白河西岸向南延伸，有一条长17千米、最宽12千米、面积70多平方千米的熔岩流，当地居民称之为"石龙"。这种大面积的熔岩流地貌是由于岩浆在流动过程中，表层先凝固，成为平坦光滑没有破碎的熔岩表壳，表壳下面熔岩流仍然继续流动，熔岩表壳受流动熔岩流牵引作用发生塑性变形，从而形成了千姿百态的熔岩地貌。其中，有的如惊涛巨澜，有的似涓涓流水，更有翻花熔岩形成的熔岩瀑布，层层熔岩盘叠而成的人工石塔，可谓一幅多姿多彩的动人画卷。

图21-3 五大连池的火山岩地貌

火山堰塞湖
——镜泊湖世界地质公园

火山堰塞湖是由火山熔岩流使山体岩石崩塌下来等原因，引起山崩滑坡体等堵截山谷、河谷或河床后，贮水而形成的湖泊，又称为熔岩堰塞湖。

位于牡丹江附近的镜泊湖是中国最大的火山堰塞湖（图21-4）。镜泊湖北端分布着镜泊火山群12个火山口。其中，森林火山规模最大、海拔最高、溢出熔岩量最多，有4个火山口，山势雄伟陡峻。火山口内长满茂密的森林，称为"地下森林"。火山群在距今12 000年到5 140年曾有多次火山喷溢活动，熔岩浆堵塞了牡丹江古江道，形成了巨大的火山熔岩堰塞湖——镜泊湖。

镜泊火山群的火山岩为碱性玄武岩，形成熔岩流、熔岩隧道及峡谷。熔岩流、熔岩被总长达65千米。最大的熔岩隧道断续长近2千米，属国内外罕见。熔岩隧道的成因是熔岩壳层已经固结，里面仍有熔岩流动，当没有新的熔岩流来补充时，熔岩流空后而形成的。熔岩隧道两端塌落就形成了天然熔岩桥。

图21-4 镜泊湖

8 安山岩(Andesite)

图21-5 安山岩

[矿物成分] 安山岩呈深灰色、浅玫瑰色、暗褐色等（图21-5）。其斑晶主要为斜长石及暗色矿物，暗色矿物主要为黑云母、角闪石和辉石。根据斑晶中的暗色矿物种类，可分为辉石安山岩、角闪石安山岩和黑云母安山岩等。

[结构与构造] 安山岩呈斑状结构，基质主要为交织结构及安山结构（玻基交织结构）。（这种结构是指岩石基质中斜长石微晶呈杂乱-半定向排列，微晶之间有较多的玻璃质或隐晶质充填。）副矿物以磷灰石及铁的氧化物为主。安山岩呈气孔、块状构造，有的气孔被方解石、石英、绿泥石等充填，形成杏仁构造。

[成因] 安山岩属于中性的钙碱性火山岩，主要分布于环太平洋活动大陆边缘及岛弧地区。其产状以陆相中心式喷发为主，常与相应成分的火山碎屑岩相间构成层火山，有的呈岩钟、岩针侵出相产出。安山岩火山的高度较高，一般高500～1500米，个别可高达3000米以上。

[矿产与用途] 有关的矿产有铜、铅、锌、金（银）等。

安山岩是很好的建筑材料，又是化工上的耐酸材料。

④ 流纹岩(Rhyolite)

[矿物成分] 流纹岩呈灰白色或浅粉红色（图21-6）。斑晶常为石英、碱性长石，有时有少量斜长石，基质一般为致密的隐晶质或玻璃质。

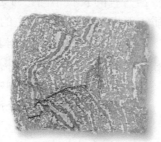
图21-6 流纹岩

脱玻化明显的流纹岩称为流纹斑岩。

[结构与构造] 流纹岩常见斑状结构、玻璃质结构、球粒结构和霏细结构，并呈流纹构造。

[成因] 流纹岩是一种相当于花岗岩的火山喷出岩，产状多为岩丘。

[矿产与用途] 有关的矿产有高岭石、蒙脱石、叶蜡石、明矾和黄铁矿等。

图21-7 雁荡山

（接下页）

知识链接
安山岩火山

安山岩一名源于安第斯山，北美和中美的大多数平行山系大多是由安山岩组成的。实际上整个环太平洋盆地边缘的火山中都有大量这类岩石。

环太平洋火山带是一个围绕太平洋经常发生地震和火山爆发的地带，全长40 000千米，呈马蹄形。这一地带共有活火山512座，占全球活火山数量的80%。其中，南美洲的尤耶亚科火山是世界上最高的活火山，海拔6 739米。据历史记载，尤耶亚科火山上一次爆发发生于1877年。目前，其顶峰下仍有一个小火山口不断地向外冒热气。此外，南美洲安第斯山脉的第二高峰——阿空加瓜山为世界最高的死火山，海拔6 960米，峰顶堆积着安山岩层。

古火山立体模型
——浙江雁荡山

位于中国浙江省乐清市-温岭市一带的雁荡山，是世界上罕见的早白垩纪复活型破火山（火山爆发使地下的岩浆被大量排空，从而导致火山发生塌陷，形成破火山）。流纹质火山岩在外动力作用下，形成叠嶂、锐峰、柱峰、方山、石门、岩洞等组合地貌（图21-7）。其特征显著区别于花岗岩岩石地貌（如黄山）、碳酸岩岩石地貌（如桂林山水）和砂砾岩岩石地貌（如丹霞山）等。

雁荡山处在西太平洋亚洲大陆边缘，是全球巨型火山（岩）带上具有代表性的古火山。其历经四期火山喷发，形成于1.2亿年以前的早白垩纪。雁荡山的火山碎屑岩种类十分丰富，其化学成分也属于流纹质。流纹岩保存了大量流动构造现象，雁荡山的嶂、洞、瀑等景观大都是在此基础上形成的，十分壮观。后期火山喷发形成的凝灰质熔结凝灰岩，分布在最高处，形成小型峰林、柱峰和锐峰。

雁荡山古火山记录了火山爆发、塌陷、复活隆起的完整地质演化过程，为人类留下了研究中生代破火山的一部永久性文献，享有"古火山立体模型"的美誉。同时，雁荡山流纹岩几乎涵盖了岩石学专著所描述过的各种流纹岩，从而有了流纹岩天然博物馆的美称。

图21-8 粗面岩

5 粗面岩(Trachyte)

[矿物成分] 粗面岩的基质为隐晶质，呈浅灰色、浅黄色或粉红色（图21-8）。其化学成分相当于正长岩，通常分为钙碱性粗面岩和碱性粗面岩两种类型。钙碱性粗面岩主要由碱性长石、斜长石和少量暗色矿物组成。碱性长石以透长石为主，歪长石为次，暗色矿物主要为黑云母，含少量角闪石和辉石。碱性粗面岩含适量碱性暗色矿物，有时含少量似长石矿物；浅色矿物主要为碱性长石（透长石、正长石、歪长石等），斜长石含量少。根据含有的长石不同，可进一步分为含钾长石为主的钾质粗面岩和含钠长石为主的钠质粗面岩等。

[结构与构造] 粗面岩具斑状、粗面状、球粒状结构和块状、流纹状、气孔状构造。

[成因] 粗面岩是一种中性火山喷出岩。

[矿产与用途] 粗面岩可用作铸石和水泥的原料。

6 响岩(Phonolite)

[矿物成分] 响岩呈浅绿色或浅褐灰色（图21-9）。其化学成分相当于霞石正长岩，含碱质较高。主要矿物成分有碱性长石、副长石、碱性辉石和碱性角闪石。按岩石中似长石种类，可分为霞石响岩、白榴石响岩、方钠石响岩、方沸石响岩、蓝方石响岩和黝方石响岩。

[结构与构造] 响岩常具斑状结构，有时为无斑隐晶结构，块状构造。

[成因] 响岩是一种碱性火山岩，常呈小型岩流、岩钟产出。

[矿产与用途] 响岩中含有金和铜矿。

图21-9 响岩

7 黑色宝石——黑曜岩(Obsidian)

[矿物成分] 黑曜岩具深褐、黑（图21-10）、红等颜色。其成分与花岗岩相当，除含少量斑晶、雏晶外，几乎全由玻璃质组成。它的SiO_2含量在70%左右，含水

量一般小于2%。

[结构与构造] 黑曜岩呈致密块状，有时见石泡构造，常具斑点状和条带状构造。

[成因] 黑曜岩是一种酸性玻璃质火山岩。

[矿产与用途] 黑曜岩可用作装饰品和工艺品的原料。具有吸引人的斑驳颜色的黑曜岩，有时可以用作半贵重的宝石。

⑧ 珍珠岩(Perlite)

图21-11 珍珠岩

[矿物成分] 珍珠岩具灰白、浅灰、浅棕（图21-11）等颜色。其成分与花岗岩相当，由玻璃质组成，含少量透长石、石英斑晶和微晶。它的 SiO_2 含量在70%左右，含水量在2% ~ 6%。

[结构与构造] 珍珠岩具玻璃质结构，常呈块状、多孔状构造。有的具有因冷凝作用形成的圆弧形裂纹，称珍珠岩构造。

[成因] 珍珠岩是一种火山喷发的酸性熔岩。

[矿产与用途] 珍珠岩经膨胀可成为一种轻质、多功能新型材料。它具有表观密度轻、导热系数低、化学稳定性好、使用温度范围广、吸湿能力小，且无毒、无味、防火、吸音等特点，广泛应用于多种工业部门。例如，可用于橡塑制品、颜料、油漆、油墨、合成玻璃、隔热胶木及一些机械构件和设备中，作为填充料。

⑨ 松脂岩(Pitchstone)

[矿物成分] 松脂岩有各种颜色，一般呈灰色、黑色、浅绿色、褐色、黄白色等。它由玻璃质组成，含少量长石、石英斑晶和微晶。它的 SiO_2 含量在70%左右，含水量在6% ~ 10%。

图21-10 黑曜岩

知识链接

黑色宝石——黑曜岩

黑曜岩具有玻璃一样的光泽，有的颜色黑得发亮。如果它的里面掺进了氧化铁，就会发红或褐色，如果有微小的气泡则会产生金黄色。有些内含物令黑曜岩具有金属光泽，而内部的气泡或结晶产生一种类似雪花的效果，即雪花黑曜岩。古代人利用黑曜岩当镜子。由于黑曜岩的断口常呈贝壳状且尖锐锋利，它也是古代人使用的石器。现代，人们利用黑曜岩制作一些装饰品，特别漂亮的黑曜岩还可成为较贵重的宝石。

图21-12 松脂岩

[结构与构造] 松脂岩具玻璃质结构，呈松脂光泽和贝壳状断口（图21-12）。

珍珠岩、黑曜岩和松脂岩三者的区别在于，珍珠岩具有圆弧形裂纹，松脂岩具有独特的松脂光泽，黑曜岩具有玻璃光泽与贝壳状断口。

[成因] 松脂岩属酸性的玻璃质火山岩。

[矿产与用途] 松脂岩可用作制造膨胀珍珠岩的原料。

⑩ 浮岩(Pumice)

[矿物成分] 浮岩常呈灰色、灰白色、白色、黄白色、肉红色。浮岩由火山玻璃、矿物和气泡所组成，是一种多气泡的、类似海绵状的火山岩（图21-13）。其矿物多为半玻璃质或全玻璃质。化学成分变化较大，SiO_2含量为53%～75%、Al_2O_3含量为9%～20%。孔隙率达40%～70%，质轻，可浮于水，硬度中等。

浮岩俗称浮石、蜂窝石、水浮石、江沫石、海浮石。

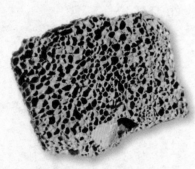

图21-13 浮岩

[结构与构造] 浮岩呈多孔状，状似炉渣，具玻璃质结构和气孔状构造。

[成因] 浮岩属半玻璃质或全玻璃质火山喷出岩，包括基性、中性和酸性的火山岩。当过热、高压下的岩石被猛烈地从火山口喷出时，形成浮石。浮石的泡沫结构是因为迅速冷却和快速降压，降低了气体（水和CO_2）在熔岩的溶解度，使气体迅速逸出产生气泡。

[矿产与用途] 浮岩在化学工业中用作过滤剂、干燥剂、催化剂、填充剂，以及农用杀虫剂的载体和肥料的控制剂。它还可用作水泥的混合料或配制无熟料水泥，也可直接用作建筑材料。此外，浮岩可用作中药。

⑪ 集块岩(Agglomerate)

[物质组成] 集块岩是粒径大于64毫米的碎屑经压实固结的火山碎屑岩，其中碎屑岩块占50%以上。它多分布于火山口附近，或充填于火山口中。

[结构与构造] 集块岩呈集块结构和块状构造（图21-14）。

[成因] 集块岩是一种压实固结的火山碎屑岩，由火山岩碎块和凝灰岩为基质固结而成。

[**矿产与用途**] 集块岩可用作铺路材料和水泥拌料。

图21-14　集块岩

12　火山角砾岩(Volcanic breccia)

[物质组成] 火山角砾岩由粒径大于4毫米的火山岩碎片组成，所含熔岩碎片以凝灰岩居多，玻璃细片及整石较少。其主要成分是粒径为2～64毫米的火山角砾，也含有其他岩石的角砾及少量的石英、长石等矿物晶屑（图21-15）。

[结构与构造] 火山角砾岩呈火山角砾结构和块状构造。

[成因] 火山角砾岩是一种压实固结的火山碎屑岩，由火山岩碎块和凝灰岩为基质固结而成。

[**矿产与用途**] 某些火山砾岩常与铀、金、金刚石、铜等共生，是良好的找矿标志。

火山角砾岩是天然的铺路材料和水泥拌料。

图21-15　火山角砾岩

13　凝灰岩(Tuff)

[物质组成] 凝灰岩呈灰色、浅黄色，风化后呈黄褐色。其50%以上的火山碎屑物质的粒径小于2毫米，成分主要是火山灰。根据含有的火山碎屑成分，可以分为晶屑凝灰岩、玻屑凝灰岩、岩屑凝灰岩（图21-16）。

[结构与构造] 凝灰岩呈凝灰结构和块状构造。

[成因] 凝灰岩是一种火山碎屑岩，由火山较细粒的碎屑堆积而成，有时薄层的凝灰岩常与沉积物相伴。

[**矿产与用途**] 凝灰岩是常用的建筑材料，也可用作制造水泥的原料和提取钾肥的原料。

图21-16　凝灰岩

第二十二章

沉积岩

　　常见的沉积岩包括砾岩、砂岩、粉砂岩、泥岩、页岩、黏土岩、石灰岩和白云岩。其中，泥岩、黏土岩和页岩占沉积岩总量的50%。沉积岩常具有层理构造，这是野外识别沉积岩的最显著标志。

　　有些沉积岩常含有动植物化石，即保存在岩层中的古生物遗物和生活遗迹。岩石中所含化石可以指示岩石的形成环境，如海生生物化石说明岩石是在海洋环境下形成的。研究化石可以了解生物的演化，并能帮助确定地层的年代。相较于火成岩及变质岩，沉积岩中的化石所受破坏较少，也较易完整保存，因此，对于古生物学和考古学来说，化石是十分重要的研究目标。

　　沉积岩中含有的矿产极为丰富，约占地球上全部矿产蕴藏量的80%。如煤、石油、天然气、盐类等矿产都蕴藏在沉积岩中。铁、锰、铝、铜、铅、锌等矿产中，沉积类型的也占有很大比重。

鱼龙化石（2.3亿年前）

海百合化石（3.2亿年前）

1 砾岩(Conglomerate)和角砾岩(Breccia)

[物质组成] 砾岩和角砾岩粗碎屑颗粒的粒径大于2毫米，含量大于30%，碎屑组成主要为岩石碎屑。砾石之间的杂基为砂、粉砂和黏土物质。胶结物可分为钙质、硅质和铁质等。这类岩石中，较少有化石，有的含贝壳等生物碎屑化石。

[结构与构造] 砾岩和角砾岩呈砾状结构，可见斜层理和水平层理。滚圆度较好的砾石、卵石，形成砾岩（图22-1）；带棱角的角砾石、碎石，形成角砾岩（图22-2）。

[成因] 砾岩可能是在海滨潮间带由海浪反复冲刷磨蚀堆积而成的，也可能是由河流短距离搬运而成的。角砾岩多为搬运距离很近，或未经搬运堆积而成，也可能是由山崩重力堆积而成，或由母岩风化在原地残积而成，或由冰川搬运的冰碛堆积而成，也可由海浪冲击海岸而成。

[矿产与用途] 砾岩的填隙物中常含金、铂、金刚石等贵重矿产。砾岩可用作建筑材料和铺路材料。

图22-1 砾岩　　图22-2 角砾岩

知识链接

丹霞地貌
——广东丹霞山地质公园

丹霞地貌是指有陡崖的陆相砂砾岩红层地貌。包含三层含义：一是陡崖，峭壁高度一般超过5米；二是红层，岩石必须是红色的；三是岩石是陆相沉积岩，也就是湖相沉积。图22-3为我国广东省北部仁化县的丹霞山，因此类地貌发育典型而得名。这里的丹霞山由680多座顶平、身陡、麓缓的红色砂砾岩构成，形成有陡崖的城堡状、宝塔状、针状、柱状、棒状、方山状、峰林状等千姿百态的地形。

在1.4亿年前，丹霞山是南岭山脉的一个内陆盆地。由于地势低洼，雨水夹带着泥沙碎石流到湖泊内堆积。当时的气候非常炎热，湖里的堆积物所含的铁质被氧化成Fe_2O_3，形成红色砂砾沉积岩。经过大约7千万年，湖泊内沉积了厚约3 700米的巨厚红层。到距今7千万年前后的白垩纪末，由于地壳运动和燕山运动影响，整个盆地沉积环境消失，巨厚红层砂砾岩逐渐隆起并接受侵蚀，但是这个时期的上升非常缓慢。距今3千万年前后，受喜玛拉雅造山运动影响，湖盆随着南岭山脉剧烈抬升，湖内岩层形成许多断裂和节理，加之长期受流水侵蚀、重力崩塌、差异风化等作用，形成了一座座顶平、身陡、麓缓的山峰。

丹霞地貌主要分布在中国、美国西部、中欧和澳大利亚等地，以中国分布最为广泛。

图22-3 丹霞山

2 砂岩(Sandstone)

(a)

(b)

图22-4　砂岩

[物质组成] 砂岩的碎屑颗粒粒径介于0.062 5 ~ 2.0毫米，含量大于50%。其主要碎屑成分为石英、长石和岩石碎屑，据此可分为石英砂岩、长石砂岩和杂砂岩。石英砂岩含有大于90%的石英颗粒（图22-4）；长石砂岩含有少于75%的石英颗粒，长石颗粒含量大于岩石碎屑；杂砂岩中含有的碎屑石英少于75%，且是岩屑的3倍以上。砂粒之间的杂基为黏土质。次要成分为白云母和重矿物。胶结物可分为钙质、硅质和铁质等。

[结构与构造] 砂岩呈砂状结构，可见水平层理构造。

[成因] 砂岩形成于湖泊或浅海环境。

[矿产与用途] 胶结不好的砂岩可形成含水层或含油层。砂岩可用作建筑材料。纯净石英砂岩可用作玻璃工业原料，也可用作粗磨刀石材料。由于颗粒粗大，岩性坚硬，砂岩适宜选作大型户外石雕作品。

3 粉砂岩(Siltstone)

[物质组成] 粉砂岩的碎屑颗粒粒径介于0.003 9 ~ 0.062 5毫米，含量大于50%（图22-5）。碎屑组成以石英为主，次要成分为长石、白云母等。胶结物可分为钙质、硅质和铁质等。

[结构与构造] 粉砂岩呈粉砂结构，可见水平层理构造。

[成因] 粉砂岩多为细颗粒悬浮物质在水动力微弱条件下缓慢沉积而成。其沉积环境可为河漫滩、三角洲、潟湖、沼泽或海湖的较深水部位。

[矿产与用途] 粉砂岩主要用于建筑行业，还可用作中磨（介于粗磨与精磨之间）刀石材料。

图22-5　粉砂岩

图22-6 云冈石窟

知识链接

云冈石窟

　　位于山西省大同市以西的云冈石窟（图22-6）主要建于北魏时期（453–495），是中国第一处由皇室主持开凿的大型石窟。云冈石窟的岩性为中粗粒长石–石英砂岩，并夹有泥岩。石窟雕刻在砂岩透镜体之上。石窟依山开凿，绵延1千米，主要洞窟51个，大小佛像51 000多尊，最大佛像高达17米，最小佛像高仅2厘米。2001年，云冈石窟被列为世界文化遗产。

图22-7　张家界砂岩峰林

知识链接

砂岩峰林地貌

——湖南张家界地质公园

坐落在湖南省的张家界属于世界上罕见的砂岩峰林地貌。区内沟壑纵横，岩峰高耸。千米以上的峰林有243座，最高峰海拔1 264.5米。长度超过2 000米的沟谷有32条，总长度达84.6千米。表面呈紫色、灰色、黄色等颜色的岩石相互交织在一起，光彩绚丽。这里的岩石以石英砂岩为主，岩层厚度达500米，质地坚硬，结构致密，化学稳定性好，抗风化能力强，因而常形成挺拔尖锐的岩峰石柱。如"金鞭岩""定海神针"等，形象逼真，栩栩如生（图22-7）。

40亿年前，这里还是一望无际的海洋。其地层年代属古生代泥盆纪，在滨海沙滩环境沉积形成厚层石英砂岩沉积物。沧桑变迁，在大自然的作用力下，石英砂岩沉积物经地下压实成岩。后来地壳上升，砂岩层隆起。在地壳运动巨大的能量作用下，岩层发育垂直构造节理。受雨水和冰雪的侵蚀，节理面两侧的岩石不断发生重力崩塌，岩壁很陡，平直整齐如刀切割，形成菱形或方形柱状体。在大约7千万年前形成了砂岩峰林。

雅丹地貌

我国新疆维吾尔自治区克拉玛依市附近，有一处独特的风蚀地——雅丹地貌，人们习惯称它为"魔鬼城"。风城地处风口，四季多风。每当大风到来，黄沙遮天蔽日，大风在风城里激荡回旋，凄厉呼啸，如同鬼哭狼嚎，令人毛骨悚然，因此而得名。

据考察，大约一亿多年前的白垩纪时，这里是一个巨大的淡水湖泊，后来经过两次大的地壳升降变迁，湖水消失，湖泊变成了间夹粉砂岩和泥板岩的陆地。由于地处内陆深处，雨量稀少，气候干燥，并地处风口，裸露的石层被狂风雕琢得奇形怪状，千姿百态。经过亿万年岁月，大自然的"手"雕刻出千奇百怪、栩栩如生的各种形态（图22-8）。

此外，在新疆维吾尔自治区布尔津县西北有一个五彩滩，我国唯一的一条注入北冰洋的河流——额尔齐斯河穿其而过。由于流水侵蚀切割与风蚀共同作用，这里形成了典型的雅丹地貌。由于长期处于干燥地带，盛行大风，使原来平坦的地面变异出许多陡壁隆岗和宽浅沟漕相间的地形，发育着许多陡壁险峻的小丘。由于河岸岩层间抗风化能力的程度不一，形成参差不齐的轮廓。岩层由红色、土红色、浅黄和浅绿色砂岩、泥岩及砂砾岩组成，色泽各异，五彩缤纷，表现出状如彩色古堡、怪兽、峰丛等奇特造型（图22-9）。

图22-8　魔鬼城
图22-9　五彩滩

4 泥岩(Mudstone)

图22-10 泥岩

[物质组成] 泥岩的碎屑颗粒粒径小于0.0039毫米，含量大于50%。其中，黏土矿物组成小于50%，常见的黏土矿物为高岭石、埃洛石和蒙脱石，碎屑组成以石英和长石为主。根据含有的混入物不同，可分为钙质泥岩、硅质泥岩（图22-10）、铁质泥岩、炭质泥岩、锰质泥岩，按颜色可分为黄色泥岩、灰色泥岩、红色泥岩、黑色泥岩、褐色泥岩等。

[结构与构造] 泥岩呈泥质结构，可见水平层理和泥裂层面构造。

[成因] 泥岩是在水动力微弱条件下，缓慢沉积而成的。

[矿产与用途] 泥岩具吸水、黏结、耐火等性能，可用于制造砖瓦、制陶等工业。

5 页岩(Shale)

[物质组成] 页岩的碎屑颗粒粒径小于0.0039毫米，含量大于50%。其中，黏土矿物组成小于50%，常见的黏土矿物为高岭石、埃洛石和蒙脱石。碎屑组成以石英和长石为主。根据含有的不同混入物，可分为钙质页岩、铁质页岩、硅质页岩、炭质页岩、黑色页岩、油母页岩等。页岩中常包含有古代动植物的化石。

[结构与构造] 页岩呈泥质结构，可见水平层理、页理和泥裂层面构造（图22-11）。

[成因] 页岩是在水动力微弱条件下，缓慢沉积而成的。

[矿产与用途] 铁质页岩可能成为铁矿石。油母页岩可以提炼石油。页岩可用作细磨刀石材料。

6 黏土岩(Claystone)

[物质组成] 黏土岩的颗粒粒径小于0.0039毫米，黏土矿物含量大于50%。常见的黏土矿物为高岭石、埃洛石、伊利石和蒙脱石，可分为高岭石黏土岩、蒙脱石黏土岩等（图22-12）。

图22-11 页岩

知识链接

油页岩

油页岩又称油母页岩，是一种高灰分的含可燃有机质的沉积岩。它和煤的主要区别是灰分超过40%，与炭质页岩的主要区别是含油率大于3.5%。油页岩经低温干馏，可以得到页岩油。页岩油类似原油，可以提炼各种燃料油类，也可炼制各种合成燃料气体及化工原料，副产品还可用于制砖、水泥等建筑材料。

我国的油页岩资源比较丰富，仅次于美国、巴西、俄罗斯等国，其中最负盛名的是辽宁的抚顺矿区。

[结构与构造] 黏土岩呈泥质结构，可见水平层理和泥裂层面构造。

[成因] 黏土岩是在水动力微弱条件下，缓慢沉积而成的。

[矿产与用途] 黏土岩是重要的生油岩和油气藏的盖层。黏土岩具有独特的物理性质，如可塑性、耐火性、烧结性、膨胀性、吸附性等，是陶瓷工业、耐火材料工业的重要原料，广泛用于铸模、陶瓷、钻探、纺织工业等。在炼制石油和植物油工业中，黏土岩可用作脱色剂和漂白剂。

知识链接
黄土地貌
黄土是第四纪形成的陆相风沉积黄色粉砂质土状堆积物。黄土的粒径介于0.005～0.05毫米，矿物成分有碎屑矿物和黏土矿物。碎屑矿物主要是石英、方解石、长石和云母。黏土矿物主要是伊利石、蒙脱石、高岭石、针铁矿、含水赤铁矿等。黄土的物理性质表现为疏松、多孔隙，垂直节理发育，极易渗水，且含有许多可溶性物质，很容易被流水侵蚀形成沟谷，形成所谓的"黄土地貌"。

黄土在北半球各大陆均有分布，以中国北方的黄土最为典型，在黄河中游构成了著名的黄土高原（图22-13）。

(a)　　　　　　(b)　　　　　　(c)

图22-12　黏土岩

图22-13　黄土高原

喀斯特地貌

　　喀斯特地貌是具有溶蚀力的水对可溶性岩石，进行溶蚀等作用所形成的地表和地下形态的总称，又称岩溶地貌。喀斯特（Karst）一词源自欧洲伊斯特拉半岛碳酸盐岩高原的名称，当地称为Kras，意为岩石裸露的地方。"喀斯特地貌"因近代喀斯特研究而得名。喀斯特地貌分布在世界各地的可溶性岩石地区。

　　中国喀斯特地貌主要分布在广西、贵州、云南、四川和青海东部地区，可分为地表喀斯特形态和地下喀斯特形态。地表喀斯特形态是由于地表水沿岩石表面流动，由溶蚀、侵蚀而形成，包括溶沟、石芽、石林、峰林、溶斗和溶蚀洼地等。地下喀斯特形态是地下水沿着可溶性岩石的层面、节理或断层，进行溶蚀和侵蚀而形成，包括溶洞、石钟乳、石笋、石柱、石幔、石灰华和泉华等。

地表喀斯特地貌
——云南石林地质公园

　　位于云南省石林彝族自治县境内的石林地质公园，是世界闻名的喀斯特地区之一。

　　远古以前，造山运动使这个地区缓慢下降，形成大海。经过生物化学和地质作用，在海底深部形成了较纯的石灰岩。在距今1.85亿～2.1亿年前的2 500万年间，这里发生了东吴造山运动，地面上升，石灰岩露出地面。巨厚的石灰岩受地壳机械作用，产生裂缝，大气降雨沿裂缝垂直向下溶蚀、冲刷，使垂直裂缝特别发达，形成苗壮的石芽，石芽又彼此分离，形成剑状石林、塔状石林、古堡状石林、岩墙、岩柱等。岩体顶部多呈齿状，造型丰富。岩柱上层层的叠痕，则是地壳运动导致的海底两次升降所至。又因为有幸没有遭遇过强烈地震的破坏，使它完整地保存了下来。亚热带潮湿多雨的气候，进一步使岩石表面形成溶沟、溶槽，使石林不断地发育着，表现出目前石峰群集、怪石林立的景观（图22—14）。

图22—14　石灰岩石林

图22-15 北京石花洞

地下喀斯特地貌
——北京石花洞地质公园

位于北京房山区的石花洞，又名潜真洞、石佛洞，是中国的名洞之一（图22-15）。洞体为多层多枝的层楼式结构，有上下七层，一至五层洞道全长5 000米，六、七层为地下暗河的流水及充水洞层。洞口海拔251米，距离区内潜水面160米，属于近潜水面洞穴。

石花洞以天然形成的石花而得名。石花形式繁多，异彩纷呈，数量庞大，为国内洞穴之最。洞内次生化学沉积物种类多、造型美，有千姿百态的石花、石枝、石钟乳，典雅秀丽的石塔、石盾、石灯、石梯田，雄伟壮观的石幔、石旗、石瀑布，银白耀眼的月奶石和闪烁发光的彩光壁，汇集了岩溶洞穴沉积的精华。

石花洞精美的景观是大自然在漫长的地质岁月中，精心雕塑出来的。这种多层结构的石灰岩溶洞最早形成的是洞顶。当时，洞顶层就相当于地下水位的水准面，在这里，地下水溶蚀、搬运作用把洞穴物质带走。洞穴形成后，出现了地壳上升，该层溶洞随地壳上升，地下水位则相对下降，当地壳稳定下来时，地下水又在新的岩层部位进行溶蚀搬运，形成了第二层溶洞。这样，随着地壳多次上升，便形成了多层洞穴。石花洞七层不同高度溶洞的存在，标志着这一地区至少发生过六次间歇性上升。目前，地下水仍在溶蚀着石花洞的最低层洞穴。

7 石灰岩(Limestone)

[物质组成] 石灰岩是主要由方解石组成的沉积碳酸盐岩（图22-16），方解石含量大于50%。石灰岩呈浅灰色，遇稀盐酸缓慢起泡。

(a)

由于石灰岩易溶，在石灰岩发育地区常形成石林、溶洞等，称为喀斯特地貌。

[结构与构造] 石灰岩呈晶粒结构，内碎屑结构和生物碎屑结构，可见层理构造和缝合线构造。

(b)

图22-16 石灰岩

[成因] 石灰岩按成因，可分为生物灰岩、化学灰岩及碎屑灰岩。

[矿产与用途] 石灰岩是烧制石灰、水泥的主要原料，在冶金工业中用作熔剂等。色彩花纹美丽者可用作装饰石材。

8 白云岩(Dolomite)

图22-17 白云岩

[物质组成] 白云岩是主要由白云石组成的沉积碳酸盐岩，白云石含量大于50%。白云岩呈灰白色，遇稀盐酸缓慢起泡或不起泡。含镁量较高，风化后形成白色石粉。白云岩外貌与石灰岩很相似（图22-17），但比石灰岩坚韧。它与方解石的区别在于，方解石遇稀盐酸发生化学反应，产生气泡。

[结构与构造] 白云岩呈晶粒结构、内碎屑结构和生物碎屑结构，可见层理构造和缝合线构造。

[成因] 白云岩按成因，可分为原生白云岩、交代白云岩（或次生白云岩）等。

[矿产与用途] 白云岩在冶金工业中可用作熔剂和耐火材料，在化学工业中可制造钙镁磷肥、粒状化肥等，

也可用作陶瓷、玻璃配料和建筑石材。

9 铝土岩(Bauxite)

[物质组成] 铝土岩是富含铝质矿物的化学沉积岩，主要由三水铝石、软水铝石和硬水铝石等组成，常含有硅、铁质等混入物，岩石中 Al_2O_3/SiO_2 大于1。

[结构与构造] 铝土岩常具鲕状、豆状结构，块状构造（图22-18）。

[成因] 铝土岩主要由铝硅酸盐矿物化学风化分解后形成的氧化铝，经搬运作用在海、湖盆中沉积而成，也有一部分是残积而成。

[矿产与用途] Al_2O_3/SiO_2 大于2：1且 Al_2O_3 大于40%的为铝土矿，是炼铝的主要原料。

图22-18 铝土岩

10 铁质岩(Ferruginous rock)

[物质组成] 铁质岩是含大量铁矿物的沉积岩，主要矿物成分有赤铁矿、褐铁矿、菱铁矿等，常混入砂质、黏土、硅质等。

[结构与构造] 铁质岩具结核状、球粒状、疏松土状等结构，也常具豆状、鲕状或肾状结构，呈致密块状构造（图22-19，20，21）。

[成因] 铁质岩属于富含铁矿物的化学沉积岩或生物化学沉积岩。

[矿产与用途] 含铁在30%以上的铁质岩，即可称为铁矿。

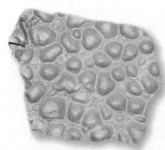

图22-19 豆状赤铁矿

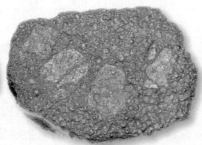

图22-20 鲕状赤铁矿

图22-21 肾状赤铁矿

锰结核

锰结核是一种深海海底自生沉积的锰矿产，又称大洋多金属结核矿，广泛分布于太平洋、印度洋和大西洋水深4 000～6 000米的海底。锰结核呈球状、半球状、饼状或不规则状，由核心和含矿包壳组成。核心的成分经常是熔岩和火山碎屑岩，结核的包壳呈同心圆状构造，主要成分为锰和铁的氧化物和氢氧化物，含铜、镍、钴等多种金属元素。

锰结核最早在19世纪70年代由英国"挑战者"号调查船环球考察时发现。至20世纪40年代以后，世界上对锰结核的调查研究工作取得重大进展，查明了大洋锰结核总蕴藏量约3万亿吨，仅太平洋的蕴藏量就达1.7万亿吨。20世纪60年代初，锰结核资源引起各国重视，被确认为"人类共同财富"。随着勘探技术和开发技术的进展，国际上出现锰结核开发"热"，主要从勘探、采掘、冶炼和环境保护四方面加强研究，并已形成为新兴的海洋产业。

11 锰质岩(Manganese rock)

[物质组成] 锰质岩是富含锰矿物的化学沉积岩，主要由软锰矿、硬锰矿、褐锰矿、水锰矿、黑锰矿、菱锰矿、锰方解石等含锰矿物组成（图22-22）。

[结构与构造] 沉积锰质岩具泥晶和细晶结构，次生锰质岩呈胶状结构。锰质岩在赋存岩层中具有条带状构造、透镜体构造、角砾状构造等。次生充填的氧化锰可呈裂隙充填构造。

[成因] 原生的沉积锰质岩主要是碳酸锰质岩，次生的锰质岩是含氧化锰的锰质岩。锰质岩常在浅海和潟湖盆地中形成，在海洋近岸一侧的滨后湖盆中最为常见。这种沉积环境中常有藻类、浮游生物、钙质壳生物和其他微生物繁殖，促进了锰质的交代，

图22-22　锰质岩

形成锰方解石或菱锰矿。锰质岩的原生岩形成于水盆地弱还原的较深水部位，次生岩则是地表或近地表氧化带溶解碳酸盐后淋滤沉淀产生的。

[矿产与用途] 锰质岩是提取锰的原料。

12 燧石岩(Chert)

[物质组成] 燧石岩的主要矿物成分为玉髓、微粒石英、蛋白石等。燧石岩常为浅灰至黑灰色，具蜡状光泽和贝壳状断口（图22-23）。

它主要产于石灰岩中，形成燧石结核、不规则团块或燧石条带夹层，很少成为独立稳定的岩层。

[结构与构造] 燧石岩具隐晶结构，纹层状构造、薄层状构造、结核状构造。

[成因] 燧石岩多为海洋沉积或成岩交代而成，是富含溶解态SiO_2海水的原生硅质沉积物，以及经成岩作用的产物，或原碳酸盐沉积物的硅化产物。

图22-23　燧石岩

图22-24　碧玉

图22-25　红碧玉

图22-26　绿碧玉

[矿产与用途] 燧石坚硬，破碎后产生锋利断口，是石器时代原始人所使用的石器材料。燧石和铁器击打会产生火花，又称"火石"，被古代人用作取火工具。质佳的燧石岩可用于制作各种工艺品（图22-24，25，26）。

13 磷块岩(Phosphorite)

[物质组成] 磷块岩中，P_2O_5的含量大于19.5%；其中，7.8% ~ 19.5%的为磷质岩，2% ~ 7.8%的为含磷岩。磷块岩的主要矿物组分为碳氟磷灰石，次要成分为石英、方解石、白云石、水云母、高岭石及有机质等。

[结构与构造] 碳氟磷灰石有两种形态。一种是具有微细晶粒或隐晶质，呈葡萄状、皮壳状、结核状的集合体（图22-27）。另一种为非晶质或显微隐晶质（图22-28），呈胶体外貌的集合体，俗称"胶磷矿"。后者是磷块岩中最主要的形态。

图22-27　磷结核

[成因] 磷块岩多为生物化学沉积型。在热带浅海地区，大量生物繁殖并吸收了海水中的磷质。生物死亡后，残骸下沉到海底淤泥中，使淤泥中富集大量磷。含磷高的淤泥水向含磷低的底层海水扩散，于是磷酸盐便围绕砂粒等小质点聚积，形成磷酸盐的结核体，并进一步形成磷块岩矿床。

[矿产与用途] 80%以上的磷矿石用于制造磷肥。其余的用以制造黄磷、赤磷、磷酸、磷化物及其他磷酸盐，这些产品广泛应用于化工、医药、食品等部门。

图22-28　磷块岩

14 生物遗迹——叠层石 (Stromatolites)

图22-29 叠层石

[物质组成] 叠层石是藻类繁衍生息而形成的生物遗迹岩石（图22-29），通常产出于灰岩和白云岩中，有些发育在燧石、磷酸盐岩中。由磁铁矿和赤铁矿构成的叠层石及锰叠层石也颇为常见。

[结构与构造] 叠层石具有机沉积结构，表现为叠层状的生物沉积构造。

[成因] 叠层石是前寒武纪未变质的碳酸盐沉积中最常见的一种"准化石"，是原核生物所建造的有机沉积结构。由于蓝藻等低等微生物的生命活动，引起周期性矿物沉淀、沉积物的捕获和胶结作用，从而形成了叠层状的生物沉积构造。现代叠层石主要生长于潮间带。

[矿产与用途] 叠层石中可形成铁矿床、磷和锰矿床。

15 无烟煤(Anthracite)

图22-30 无烟煤

[物质组成] 无烟煤主要由碳、氢、氧、氮、硫和磷等元素组成，碳、氢、氧三者的总和约占有机质的95%以上。无烟煤有粉状和小块状两种，呈黑色，有金属光泽而发亮（图22-30）。

[物理性质] 无烟煤杂质少，质地紧密，固定碳含量高，挥发分含量低（在10%以下），燃点高，不易着火；但发热量高，刚燃烧时上火慢，火上来后比较大，火力强，火焰短，冒烟少，燃烧时间长，黏结性弱，燃烧时不易结渣。无烟煤中掺入适量煤土烧用，可减轻火力强度。

[成因] 无烟煤是一种固体可燃有机岩，主要由植物遗体经生物化学作用，埋藏后再经地质作用转变而成。

在地表常温、常压下，堆积在停滞水体中的植物遗体，经泥炭化作用或腐泥化作用，转变成泥炭或腐泥。泥炭或腐泥被埋藏后，由于盆地基底下降而沉至地下深部，经成岩作用而转变成褐煤。当温度和压力逐渐增高，再经变质作用转变成烟煤至无烟煤。古生代的石炭纪和二叠纪，成煤植物主要是孢子植物，主要煤种为烟煤和无烟煤。

[矿产与用途] 无烟煤是非常重要的能源，也是冶金、化学工业的重要原料。

16 烟煤(Bituminous coal)

[物质组成] 烟煤主要由碳、氢、氧、氮、硫和磷等元素组成，一般为粒状、小块状，也有粉状的，多呈黑色而有光泽，质地细致（图22-31），挥发分含量达10%～40%。

[物理性质] 烟煤的燃点较低，较易点燃。烟煤含碳量与发热量较高，燃烧时上火快，火焰长，有大量黑烟，燃烧时间较长。大多数烟煤有黏性，燃烧时易结渣。

[成因] 烟煤是一种固体可燃有机岩，主要由植物遗体经生物化学作用，埋藏后再经地质作用转变而成。中生代的侏罗纪和白垩纪，成煤植物主要是裸子植物，主要煤种为褐煤和烟煤。

[矿产与用途] 烟煤是非常重要的能源，也是冶金、化学工业的重要原料。

图22-31 烟煤

17 褐煤(Lignitous coal)

[物质组成] 褐煤主要由碳、氢、氧、氮、硫和磷等元素组成。褐煤多为块状，呈黑褐色，光泽暗，质地疏松（图22-32），含挥发分40%左右。

[物理性质] 褐煤的燃点低，容易着火，燃烧时上火快，火焰大，冒黑烟，含碳量与发热量较低，燃烧时间短，是煤化程度最低的矿产煤。

[成因] 褐煤是一种固体可燃有机岩，主要由植物遗体经生物化学作用，埋藏后再经地质作用转变而成。新生代的第三纪，成煤植物主要是被子植物，主要煤种为褐煤，其次为泥炭，也有部分年轻烟煤。

[矿产与用途] 褐煤是非常重要的能源，也是冶金、化学工业的重要原料。

图22-32 褐煤

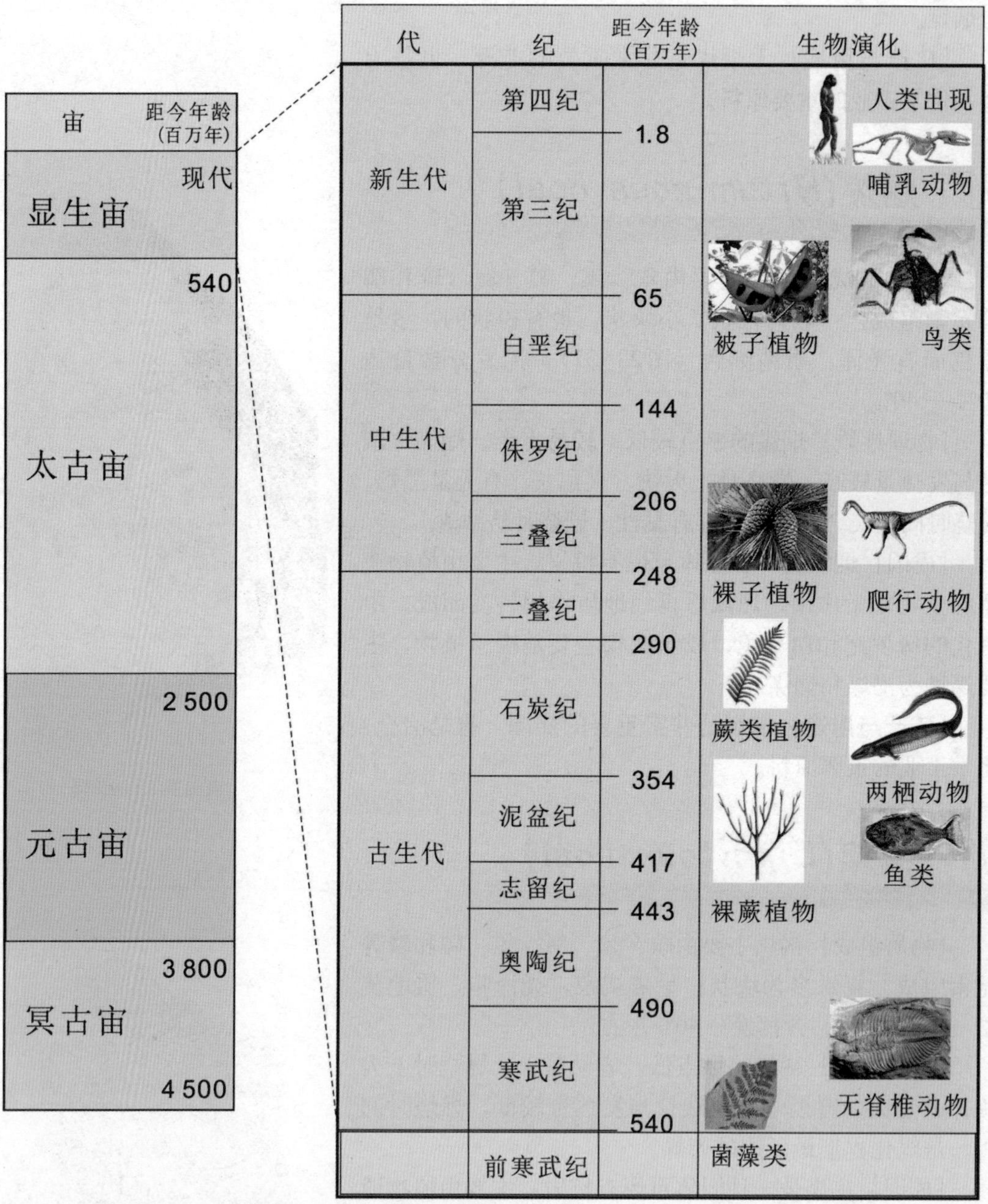

宙	距今年龄 （百万年）
显生宙	现代
	540
太古宙	
	2 500
元古宙	
	3 800
冥古宙	
	4 500

代	纪	距今年龄 （百万年）	生物演化
新生代	第四纪		人类出现
		1.8	哺乳动物
	第三纪		
		65	
中生代	白垩纪		被子植物 / 鸟类
		144	
	侏罗纪		
		206	
	三叠纪		裸子植物 / 爬行动物
		248	
古生代	二叠纪		
		290	蕨类植物
	石炭纪		
		354	两栖动物
	泥盆纪		鱼类
		417	
	志留纪		裸蕨植物
		443	
	奥陶纪		
		490	
	寒武纪		无脊椎动物
		540	
	前寒武纪		菌藻类

图 22-33　地质年代表

地质年代表

在40多亿年前，地壳就形成了，此后每个时期都有沉积岩形成。如果没有强烈的构造运动影响，一个地区先沉积的地层在下面，后沉积的地层在上面。不同地质时期形成的沉积岩，其生物化石和构造特征不同。根据生物的发展和岩石形成顺序，将地壳历史划分为对应生物发展的一些自然阶段，据此可以编制出地质年代表（图22-33）。

根据生物的发展和地层形成的顺序，按地壳的发展历史划分的若干自然阶段，称为相对地质年代。相对地质年代分期的第一级是宙，分为四个宙：显生宙、太古宙、元古宙和冥古宙。地质年代分期的第二级、第三级、第四级分别指"代""纪""世"。

成煤植物

成煤的原始植物以陆生高等植物为主，包括苔藓植物、蕨类植物和种子植物。种子植物包括裸子植物和被子植物，是植物界中最进化和最繁茂的类群。植物类型有乔木、灌木、木质藤本、草本等。

在整个地质年代中，全球范围内有三个大的成煤期。（1）古生代的石炭纪和二叠纪，成煤植物主要是孢子植物，主要煤种为烟煤和无烟煤。（2）中生代的侏罗纪和白垩纪，成煤植物主要是裸子植物，主要煤种为褐煤和烟煤。（3）新生代的第三纪，成煤植物主要是被子植物，主要煤种为褐煤，其次为泥炭。

煤精

煤精（图22-34），俗称煤玉、黑宝石、黑琥珀等，是褐煤的变种。它是一种不透明、光泽强的黑色有机岩石，由古代桦、松、柏等植物埋置于细粒淤泥中，腐烂成腐殖质后，经石化作用转变而成。煤精的化学成分以碳为主，含有氧和氢。

图22-34　煤精工艺品

第二十三章

变质岩

　　变质岩是固态岩石在地球内部的压力和温度作用下，发生物质成分的迁移和重结晶，形成新的矿物组合而形成的。变质岩的矿物成分决定于原岩的成分和变质条件，还与交代作用的性质和强度有关。典型的变质岩具有变晶结构、变余结构和变形结构等，常具有定向构造(如片理、片麻理等)和特征变质矿物，如蓝晶石、红柱石、硅线石、石榴石、硬绿泥石、绿帘石、蓝闪石等。

1 板岩(Slate)

[矿物成分] 板岩呈灰至黑色，主要矿物为石英、黏土、绢云母。

[结构与构造] 板岩具隐晶质变晶结构，板状构造（图23-1）。

图23-1 板岩

[成因] 板岩是由黏土岩类、黏土质粉砂岩和中酸性凝灰岩变质而来，属于区域变质作用中的轻度变质岩石。

[矿产与用途] 板岩可用作建筑石材。

2 千枚岩(Phyllite)

[矿物成分] 千枚岩呈灰绿、灰红、深灰等颜色，主要矿物为石英、绿泥石、绢云母。在其片理面上闪耀着强烈的丝绢光泽，并往往有变质斑晶出现。主要岩石类型包括绢云千枚岩、绿泥千枚岩、石英千枚岩、钙质千枚岩、炭质千枚岩等。

[结构与构造] 千枚岩具隐晶质变晶结构，千枚状构造（图23-2）。

[成因] 千枚岩由泥质岩石、粉砂岩及中、酸性凝灰岩等，经区域低温动力变质作用或区域动力热流变质作用的绿片岩相阶段形成。

[矿产与用途] 千枚岩可用作建筑石材。

(a)　　　　　(b)

图23-2 千枚岩

3 片岩(Schist)

[矿物成分] 片岩由片状、柱状、粒状矿物组成，常见的矿物有云母、绿泥石、滑石、角闪石、阳起石等，粒状矿物以石英为主，长石次之。片岩常含有红柱石、蓝晶石、石榴石、堇青石、十字石、绿帘石类及蓝闪石等特征变质矿物。

[结构与构造] 片岩的原岩已全部重新结晶，具鳞片、纤维、斑状变晶结构，片理构造十分发育。

图23-4 云母片岩

[成因] 片岩的类型主要取决于原岩类型，也与经历的温度压力条件密切相关。主要有云母片岩（图23-4）、钙硅酸盐片岩、绿片岩、镁质片岩、闪石片岩、蓝闪片岩、滑石片岩（图23-5）等。

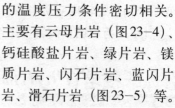

图23-5 滑石片岩

[矿产与用途] 片岩可用作建筑石材。

4 片麻岩(Gneiss)

[矿物成分] 片麻岩的主要矿物成分为长石、石英和黑云母、角闪石，次要矿物成分视原岩的化学成分而定，如红柱石、蓝晶石、阳起石、堇青石等。

[结构与构造] 片麻岩具粗粒的鳞片状变晶结构，片麻状或条带状构造（图23-6）。

(a)

(b)

[成因] 片麻岩是区域变质作用中颇为常见的变质岩。它是由酸性或中性喷出岩、浅成岩、长石砂岩、泥质岩，经区域变质作用形成的具明显片麻状构造的变质岩。

[矿产与用途] 片麻岩可用作建筑石料和铺路材料。

图23-6 片麻岩

5 角闪岩(Amphibalite)

[矿物成分] 角闪岩又名斜长角闪岩，主要由角闪石和斜长石组成，伴生矿物有铁铝榴石、绿帘石、黝帘石、黑云母、透辉石等。

[结构与构造] 角闪岩具粒状变晶结构，块状微显片理构造（图23-7）。

[成因] 角闪岩是由富铁白云质泥灰岩和其他基性岩石，在中温至高温区域变质条件下形成的。

[矿产与用途] 在工业上，角闪岩可以用作铸石的附加原料，耐磨、耐腐蚀、硬度大。

图23-7 角闪岩

6 变粒岩(Leptynite)

[矿物成分] 变粒岩的主要矿物成分是石英和长石，有时含有黑云母、白云母、角闪石，其总量不超过30%。常见的岩石类型有角闪变粒岩、电气变粒岩、透辉变粒岩、斜长变粒岩等。

[结构与构造] 变粒岩具细粒粒状变晶结构，片理构造不发育（图23-8）。

[成因] 变粒岩的原岩主要是粉砂岩、硅质页岩、复成分砂岩、中酸性火山岩和火山碎屑岩等。它是经区域变质作用形成的变质岩，属中等变质程度。

[矿产与用途] 变粒岩中可以有黄铜矿、黄铁矿、磁黄铁矿，有时可富集成矿。

图23-8 变粒岩

7 石英岩(Quartzite)

[矿物成分] 石英岩的整体几乎均由石英组成，次要矿物为白云母、硅线石、铬云母、蓝线石、金红石、赤铁矿、锆石等。

[结构与构造] 石英岩具粒状变晶结构，块状构造（图23-9）。

[成因] 石英岩由较纯的砂岩或硅质岩类，经热接触变质作用重新结晶而形成。

[矿产与用途] 石英岩可用作建筑材料。

图23-9 石英岩

8 汉白玉——大理岩(Marble)

[矿物成分] 大理岩呈白色、灰绿色、黄色或浅蓝色，主要矿物为方解石、白云石，次要矿物为透闪石、透辉石。由于它的原岩——石灰岩中含有少量的铁、镁、铝、硅等杂质，在不同条件下，形成不同特征的变质矿物，如蛇纹石、绿帘石、符山石、橄榄石等，于是在洁白的质地上，衬托出各种色彩，构成天然图案花纹。

[结构与构造] 大理岩具等粒变晶结构，块状构造（图23-11）。

(a)   (b)

图23-11 大理岩

-252

[成因] 大理岩见于区域变质的岩系中，也见于侵入体与石灰岩的接触变质带中，由碳酸盐岩石经重结晶作用变质而成。

[矿产与用途] 大理岩是高级的建筑石材，或成为高级家具的装饰性镶嵌材料。洁白的细粒状大理石，俗称汉白玉，是工艺雕刻的材料或富丽堂皇的建筑材料。

⑨ 角岩(Hornfels)

[矿物成分] 角岩呈深暗或灰色，主要由长石、云母、角闪石、石英、辉石等组成，还含有少量硅线石、堇青石、红柱石、石榴子石等。按照主要矿物成分，可分为云母角岩、长英质角岩、钙硅角岩、基性角岩、镁质角岩等。

[结构与构造] 角岩具细粒粒状变晶结构，块状构造（图23-13）。

[成因] 角岩属中高温热接触变质岩。原岩主要为泥质岩，在侵入体附近由接触变质作用而产生。

图23-13　角岩

[矿产与用途] 角岩可制成砚或其他工艺品，如在苏州灵岩山、寒山寺等旅游区出售的砚石，即利用产于灵岩山花岗岩体附近的角岩所制。

图23-12　汉白玉建筑

10 混合岩(Migmatite)

图23-14 混合岩

[矿物成分] 混合岩由基体和脉体两部分构成。所谓基体,是指混合岩形成过程中残留的变质岩,如片麻岩、片岩等,具变晶结构、块状构造,颜色较深。所谓脉体,是指混合岩形成过程中新生的脉状矿物(或脉岩)贯穿其中,通常由花岗质、细晶岩或石英脉等构成,颜色比较浅淡。

[结构与构造] 混合岩具粒状变晶结构,可见条带状、网脉状等构造,并普遍可见交代现象,以此区别于区域变质作用形成的变质岩。它是在区域变质的基础上发展起来的。

由于混合岩化的程度不同,形成不同构造特点的混合岩(图23-14),如网状混合岩、条带状混合岩、眼球状混合岩(图23-15)、肠状混合岩(图23-16)等。

[成因] 混合岩是由混合岩化作用形成的变质岩。混合岩化作用是在区域变质作用的基础上进一步发展演化的结果。深部上升的流体或由岩石部分熔融产生的"混浆",与不同类型的原岩经过一系列相互作用和混合(包括渗透、注入、交代、结晶和重熔),这种转化作用称为混合岩化作用。在这种作用过程中形成的不同组合形态的岩石,统称为混合岩。在混合岩化过程中,由于广泛而强烈的交代作用,使一部分成矿物质发生迁移和富集,从而形成混合岩化矿床。

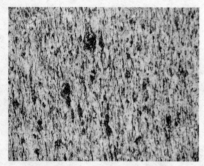

图23-15 眼球状混合岩

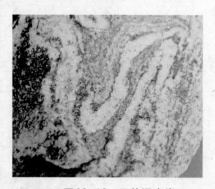

图23-16 肠状混合岩

[矿产与用途] 混合岩化的成矿作用可分为两个主要阶段:早期交代重结晶阶段和中晚期热液交代阶段。在早期交代作用中,首先表现为变质岩中已有硅酸盐矿物的重结晶,形成云母、刚玉、石榴石、石墨和磷灰石等非金属矿产,还可以形成一些稀有和稀土元素矿床、热液交代型铜锌矿。在中晚期交代阶段,混合岩化热液既可以引起围岩的蚀变,形成条带状磁铁石英岩建造中的富铁矿体,还可以交代镁质大理岩而形成各种硼酸盐矿,又可以形成磷、铀、金、铜、锡和某些稀有、稀土等矿床。

11 矽卡岩(Skarns)

[矿物成分] 矽卡岩的颜色较深，常呈暗褐、暗绿等色，相对密度较大，主要矿物为石榴子石、绿帘石、透辉石，次要矿物为铁、镁、钙硅酸盐，如硅灰石、电气石、阳起石、绿泥石、石英等。矽卡岩中有时出现黄铜矿、黄铁矿、方铅矿、闪锌矿等矿物。

图23-17 矽卡岩

根据围岩成分，矽卡岩可分为以下几种。(1) 钙质矽卡岩，为交代石灰岩形成的。主要矿物为石榴子石和辉石，有时含有符山石、硅灰石、方柱石、绿帘石、磁铁矿、碳酸盐类矿物和石英。(2) 镁质矽卡岩，为交代白云岩形成的。标型矿物有透辉石、镁橄榄石、尖晶石、金云母、硅镁石、蛇纹石、韭闪石、硼镁铁矿、磁铁矿和白云石。(3) 硅酸盐矽卡岩，为硅酸盐岩石受交代作用形成的。其成分与钙质矽卡岩相似，最典型的矿物是方柱石。

[结构与构造] 矽卡岩具细粒至中粗、粗粒不等粒结构，条带状、斑杂状和块状构造（图23-17）。

[成因] 矽卡岩属于接触交代变质岩，主要由富钙或富镁的硅酸盐矿物组成，一般经接触交代作用形成。

[矿产与用途] 与矽卡岩有关的矿产是铁、铜、铅、锌、钨、锡、铍、硼等。我国长江中下游地区的大冶、铜陵等地普遍分布有重要的铁铜矽卡岩矿床。

12 蛇纹岩(Serpentinite)

[矿物成分] 蛇纹岩呈灰绿色、黄绿色至暗绿色，主要矿物为蛇纹石，次要矿物为磁铁矿、钛铁矿。

[结构与构造] 蛇纹岩具隐晶质变晶结构，块状构造（图23-18）。

[成因] 蛇纹岩属于气水热液变质岩，主要是由超基性岩受低-中温热液交代作用，使原岩中的橄榄石和辉石发生蛇纹石化所形成。

图23-18 蛇纹岩

蛇纹岩在较大的超基性岩中常分布于岩体顶部呈帽盖状，或分布于岩体边缘，有时也呈脉状或不规则状。

[矿产与用途] 与蛇纹岩有关的矿产是铬、镍、钴、铂、石棉、滑石、菱镁矿等。蛇纹岩也是一种良好的化肥配料。

中国大陆科学钻探工程

2001年4月18日，中国大陆科学钻探工程CCSD-1井在江苏省东海县安峰镇毛北村北侧破土动工。该井是目前世界第三、亚洲第一深井，井深达5 158米，孔径为256毫米，投资额1.5亿元，钻探工程历时5年。该井主孔位于大别山-苏鲁这条典型的超高压变质带上。据取得的孔内0～2 000米的岩芯分析，各种榴辉岩占到50%以上（图23-18）。

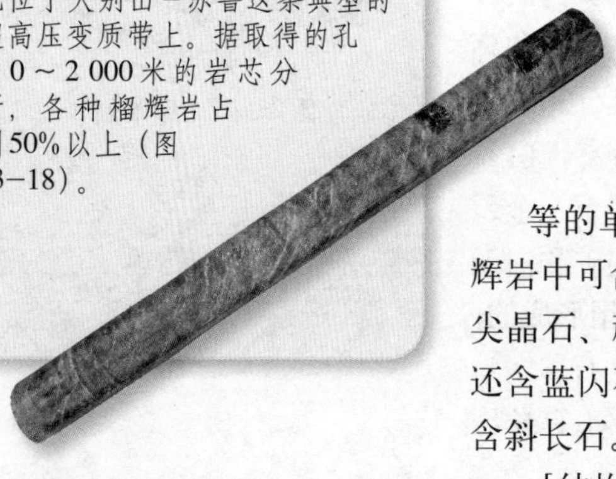

图23-18　中国大陆科学钻探主孔的榴辉岩岩芯

13　榴辉岩(Eclogite)

[矿物成分] 榴辉岩一般呈暗绿色、褐绿色，主要由绿辉石和富镁的石榴子石组成。其中，绿辉石为含透辉石、硬玉等的单斜辉石，石榴子石为含钙的铁镁铝榴石。榴辉岩中可含石英、刚玉、金刚石、蓝晶石、多硅白云母、尖晶石、顽火辉石、橄榄石、金红石、硬柱石等，有的还含蓝闪石、普通角闪石、黝帘石、榍石等矿物，但不含斜长石。

[结构与构造] 榴辉岩具粗粒不等粒变晶结构，块状构造（图23-19）。

[成因] 榴辉岩属低温至高温条件下形成的超高压变质岩，地表出露十分稀少，产状十分复杂，一般分布在造山带的核部，常常代表古板块的边界。

[矿产与用途] 榴辉岩地质遗迹是罕见的地质遗迹，由原辉长岩、玄武岩等陆壳岩石，经深俯冲到地球内部100多千米地幔深度，经超高压变质作用，再快速折返到地表而形成的特殊地质形态，具有极高的科研及观赏价值。榴辉岩地质遗迹主要分布于中国大别山国家地质公园。在大别山群榴辉岩中发现柯石英、金刚石等高温高压矿物，说明大别山超高压变质带曾经下沉到地下约160千米。

图23-19　榴辉岩

14 糜棱岩(Mylonite)

[矿物成分] 糜棱岩由基质和碎斑构成。基质主要由石英、云母类矿物微粒组成，致密坚硬，肉眼无法辨认矿物颗粒。碎斑多为长石等硬矿物。

[结构与构造] 糜棱岩具有糜棱结构、定向构造（图23-20）。岩石中次生面理、线理等塑性流动构造发育。粒度细小，但是一般比较均匀，需要借助显微镜才可分辨颗粒轮廓。有时在断面中可见凸镜状定向排列的碎斑。

[成因] 糜棱岩属韧性变形条件下形成的断层岩，是一种经过动力变质作用的深度变质岩。它往往分布于断裂带两侧。因为压扭应力的作用，使得岩石发生错动，研磨粉碎，并且由于强烈的塑性变形，使得细小的碎粒处在塑性流变状态下，而呈定向排列。

[**矿产与用途**] 糜棱岩可作为断层构造研究的特征岩石。

图 23-20　糜棱岩

第二十四章

天外来客——陨石

在一片人迹罕至的戈壁滩上或沙漠中，或许有一块孤零零的巨大石块。你知道它可能是一块陨石吗？陨石是指从星际空间穿过地球大气层，而陨落到地球表面上的天然固态物体。陨石是太阳系的"考古样品"，记录了太阳系甚至太阳系外天体形成及演化的信息，极具科研价值。据科学家观测，每年降落到地球上的陨石有20多吨，有20 000多块。由于多数陨石陨落到海洋、荒草、森林和山地等人烟罕至的地区，因此被人发现并收集到的陨石每年只有几十块，数量极少。

1 陨石的鉴定特征

对陨石的化学分析表明，陨石的化学元素与地球上已知化学元素的组成没有任何不同，只是在含量上有差异。这一点很重要，通常可作为区别陨石物质和地面物质的一个依据。陨石中最丰富的元素为铁、镍、硅、硫、镁、钙、钴、氧等，其中氧只是以化合物的形式出现。需要提及的是，镍在地球上较为稀少，但是在陨石中广泛存在。如果能证明眼前的一块潜在陨石中，镍的含量在3%～10%，几乎就能肯定它的陨石身份了。

陨石含有地球上已知的许多矿物，也含有一些在地球上至今尚未发现的矿物。陨石矿物以橄榄石、辉石、铁纹石、镍纹石、陨硫铁、层状硅酸盐矿物（类蛇纹石和类绿泥石）和斜长石含量最多，其他矿物含量低、粒度小。

在外观上，陨石一般具有以下特征。(1) 熔壳和颜色。陨石在通过大气层时，其表面会烧蚀并产生熔壳，大多数陨石的熔壳呈黑色或深褐色。(2) 形状和密度。大多数陨石的形状不规则，边角较圆滑。绝大多数陨石比同体积的一般地球岩石的质量要大，铁陨石平均要重3.5倍，石陨石要重1.5倍。(3) 气印。大多数陨石的表面相当光滑，许多陨石的表面有类似拇指按过的气印。

根据所含的物质成分，可将陨石分为石陨石、铁陨石、石铁陨石三大类。

图24-1 辽宁省岫岩县陨石撞击坑

② 石陨石（Stony meteorite）

大约92.8%的陨石是石陨石，其主要成分是硅酸盐矿物。根据是否有球粒（球粒是指球粒状的、由单晶或多晶组成的硅酸盐颗粒，可能是熔融的硅酸盐急速冷却所形成的），石陨石还可分为球粒陨石和无球粒陨石两个亚类。在陨石中，球粒陨石是最普通的一类陨石。

（1）球粒陨石（Chondrite）

[物质组成]球粒陨石主要由橄榄石、辉石、斜长石、铁镍微颗粒及少量其他矿物组成，密度为$3 \sim 3.5 \ \text{g/cm}^3$。球粒陨石的化学成分有明显差异，据此，可以将球粒陨石划分为三类五个化学群：碳质球粒陨石（C群）、顽火辉石球粒陨石（E群）和普通球粒陨石（H、L、LL群）。

[结构和构造]球粒陨石中含有嵌于微细基质内的毫米大小球粒。典型的球粒由细小的矿物或金属颗粒、碎片及各种因母天体流质活动而形成的矿物组成。

[成因]球粒陨石的母天体是一些细小的小行星，它们的体积不足以出现熔融和地质分化。这些小行星从45亿年前太阳系刚形成后，便没有出现太大改变。

在我国境内发现的吉林1号陨石，是迄今发现的体积最大的球粒陨石，质量达1 770千克（图24-2）。

（2）无球粒陨石（Achondrite）

[物质组成]无球粒陨石的成分类似于地球上的镁铁质岩——超镁铁质岩石，更接近于辉石岩，其中最主要的矿物是辉石和斜长石。按照矿物成分，可以将无球粒陨石分成下列各群：钛辉无球粒陨石、顽火无球粒陨石、纯橄无球粒陨石、奥长古铜无球粒陨石、钙长辉长无球粒陨石、古铜钙长无球粒陨石、透辉橄无球粒陨石、辉熔长无球粒陨石、橄辉无球粒陨石。

[结构和构造]无球粒陨石的颗粒大于球粒陨石，没有球粒结构。

[成因]无球粒陨石可能是从与岩浆相似的熔融物质中结晶而成的，也可能是从总体上具有球粒陨石组成的母体的熔融和分馏结晶中衍生而得的。

[用途] 主要用于标本收藏和科学研究。

(a)

图24-2 吉林陨石及碎片

(b)

$\mathcal{3}$ 铁陨石（Iron meteorite）

[物质组成] 铁陨石（图24-4）约占陨石总量的4.6%，其成分由91%的金属铁和8%的镍组成，含有钴、磷、硅、硫、铜、碳等元素。铁陨石主要含有铁纹石和镍纹石两种矿物，其次含有少量的石墨、陨磷铁镍矿、陨硫铬矿、陨碳铁、铬铁矿和陨硫铁等，密度为8.0～8.5 g/cm³。铁陨石可进一步细分为方陨铁、八面石、贫镍角砾斑杂岩、富镍角砾斑杂岩四种类型。它们在成分上是过渡的，可以由同一种铁-镍熔体缓慢冷却而逐渐形成。

[结构与构造] 铁陨石的切面经酸蚀处理后，铁会呈现受高温后骤冷却而形成的特殊结晶形态。

镍含量6%～14%的铁陨石，具有由铁纹石和镍纹石片晶构成的图像，这种图像称为维斯台登构造（韦氏条纹）。据统计，80%以上的铁陨石都具有这种图像。因其片晶呈八面体排列，故命名为八面体铁陨石。

镍含量低于6%的铁陨石，没有维斯台登构造，主要是大的铁纹石单晶体。因具有六面体解理，称为六面体铁陨石。

图24-3 "银骆驼"陨石

(a)

(b)

图24-4 铁陨石

当镍含量超过14%时，细粒八面体铁陨石的维斯台登构造消失，只能见到细粒铁纹石和镍纹石呈角砾斑杂状的交生现象。

当镍含量在25%～65%时，形成无结构的铁陨石。这种陨石主要由镍纹石组成，含有一些小的铁纹石包体和少许其他矿物。

[成因]铁陨石来自于经撞击而破碎的古老小行星体的内核碎片。地质学家通过铁陨石，可以了解某些元素在熔融和矿脉形成过程中如何与铁或硅结合，同时可以了解具有铁核和硅酸盐外壳的其他行星。

[用途] 在人类发现炼铁技术的铁器时代以前，陨石铁是最早的可用铁来源之一，被用来制造铁制工具和武器。在现代社会，铁陨石主要用于标本收藏和科学研究，也用于制作工艺品。

④ 石铁陨石 (Stony-iron meteorite)

[物质组成] 石铁陨石在自然界很少，不足1%。其成分中，铁镍合金和硅酸盐各占一半，密度为5.6～6 g/cm^3。主要矿物为锥纹石、镍纹石、合纹石等，次要矿物为陨硫铁、铬铁矿、石墨等。根据主要成分和构造特点，可分为橄榄石石铁陨石、中铁陨石、古铜辉石-鳞石英石铁陨石。

[结构和构造]中铁陨石中常见角砾状重结晶结构，角砾大部分是辉石、长石、橄榄石等单矿物的棱角状碎屑，粒径约1～5毫米。角砾周围有再结晶的矿物微晶体。石铁陨石中，金属矿物铁纹石和镍纹石呈网状结构。

[成因]科学家认为，橄榄石石铁陨石是从行星的铁核与硅酸盐地幔相汇处撞击产生的陨石，角砾状重结晶结构是陨石陨落之前的母体，经历破裂作用之后的再结晶作用形成的。

[用途] 石铁陨石主要用于标本收藏和科学研究（图24-5）。

图24-5 发现于内蒙古东乌珠穆沁旗的中铁陨石

5 玻璃陨石（Tektite）

图24-6　玻璃陨石

[物质组成]玻璃陨石是石陨石的一种，系石英质的陨石在进入大气层后熔融，坠地后又快速冷凝的产物。玻璃陨石由非晶质玻璃体组成，SiO_2含量占70%~80%，有黑色、墨绿色、棕褐色等颜色，密度为2.4 g/cm^3。

[结构和构造]玻璃陨石的表面有各种形态的擦痕，如沟槽、凹坑、麻点，表层具有拉长状气泡及大小不等的圆形气泡，有的似月球表面的环形山图案。陨石块大小不等，长度由几厘米至十几厘米，形态如哑铃状、水滴状、圆饼状、薄管状、钮扣状、卵形等，其中钮扣状玻璃陨石最为典型。

[成因]玻璃陨石的成因目前尚无定论。有证据表明，玻璃陨石是由巨大的地外物体撞击地面，使地球表面的砂岩或部分酸性岩浆岩熔融，而且被溅射到高空，经一段时间的飞行，又骤然冷却，来不及结晶坠落到地面所致。我国雷州半岛是发现玻璃陨石的富集区，俗称"雷公墨"。

[用途]玻璃陨石主要用于标本收藏和科学研究（图24-6）。

图24-7　南极陨石的保存和富集示意图

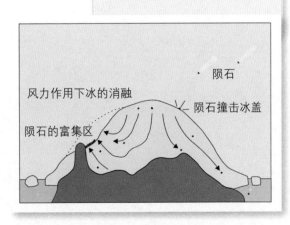

陨石

风力作用下冰的消融

陨石撞击冰盖

陨石的富集区